A mis hijos, nietos y esposa que me han

animado a escribir este libro con

la esperanza de que les ayude

a conocer mejor la Naturaleza

ÍNDICE

1. INTRODUCCIÓN

El objetivo de la presente obra es desarrollar de manera sencilla los conceptos básicos de la biología sobre los que se fundamentan los principios de la vida. Iniciaremos nuestro discurso explicando en el capítulo 2 los conceptos bioquímicos de la vida bajo el aspecto reduccionista, es decir partiendo de los átomos y las moléculas de las que están formados todos los seres vivos y viendo cómo se van organizando y uniendo para formar estructuras vivas. Para ello es necesario usar la terminología de las reacciones químicas que exigirá al lector unos mínimos conocimientos de química aunque se pretende que sin disponer de ellos, se pueda entender el funcionamiento de forma empírica aceptando que esa información está suficientemente demostrada por la ciencia actual.

En el capítulo 3 encontraremos una introducción a los conceptos básicos de la genética indispensables para comprender como interaccionan las moléculas para generar los códigos de información necesarios para la reproducción de la vida. Explicaremos qué es el ADN, cómo se configura el código genético y cómo se traducen esos códigos para la formación de las proteínas que son las auténticas máquinas que hacen funcionar a todos los seres vivos.

Después, en el capítulo 4, trataremos de responder a la pregunta *"¿Qué es la vida?"* acercándonos desde diferentes perspectivas ya que no existe una única respuesta a esa pregunta sino varias. Este capítulo es un poco más filosófico pero sin abandonar en las respuestas los fundamentos científicos subyacentes a la pregunta. Veremos que la vida es algo que no es fácil de responder solo con la definición que en su momento se nos daba, aquella de <<los seres vivos nacen, crecen, se reproducen y mueren>>.

No estamos diciendo que esas funciones no definan la vida pero en medio hay otras muchas consideraciones a tener en cuenta para que la respuesta sea lo más completa posible. Hay que profundizar en los conceptos de información y complejidad que distinguen a la materia viva de la inanimada.

En el capítulo 5, estudiaremos las condiciones energéticas en las que se desarrollan los procesos vivientes y su conexión con el concepto físico de la energía térmica a través de la segunda ley de la termodinámica (la ciencia que estudia la energía calorífica), que es *El Segundo Principio de la termodinámica.* Este principio rige todos los procesos en los que hay intercambio de energía calorífica, pero no solo ellos, sino que se aplica a todo el universo.

Nada escapa al segundo principio mediante el concepto de Entropía, que establece el concepto de orden y desorden en los estados físicos de la materia, viva o inerte, y el sentido natural en el que discurren todos los procesos naturales espontáneos hacia estados de máximo desorden o entropía.

Las teorías actuales sobre el origen de la vida, las abordamos en el capítulo 6. Debemos anticipar aquí que nuestros conocimientos exactos de cómo surgió la vida en la Tierra no están disponibles ni quizá nunca lo estarán, pero el trabajo de muchos físicos, geólogos, químicos y biólogos han hecho interesantes aproximaciones y formulado teorías acerca del conocimiento de las condiciones primigenias existentes en el planeta que pudieron encender la mecha de la vida, es decir el momento en que las moléculas sencillas no orgánicas, se organizan para formar las moléculas definitorias de vida que vimos en el capítulo 2.

Por último en el capítulo 7 abordamos la teoría de la evolución enunciada por Darwin y Wallace hace hora unos 150 años.

En su momento fue una teoría revolucionaria al plantear que las especies, incluida la humana, habían evolucionado a partir de especies antecesoras descartando un proceso creacionista. Evidentemente en el siglo XIX fueron rechazadas de plano porque destruían el origen de la creación establecido en el Génesis, primer libro del Antiguo Testamento de las religiones cristianas en las que estaba basada la civilización Occidental, básicamente por la desaparición del concepto del hombre creado por Dios como centro y culminación de la obra de la Creación.

Aún en pleno siglo XXI, en estados tecnológicamente avanzados y civilizados como Estados Unidos de América, casi la mitad de la población no acepta los conceptos expresados en la evolución y mantienen posiciones totalmente creacionistas siguiendo al pie de la letra el modelo cosmológico del Génesis. En Europa sin embargo, se admiten las teorías evolutivas sin problemas por la comunidad científica y educada incluida la religión Católica. Las pruebas aportadas por la paleontología y la genética a lo largo de este siglo y medio transcurrido desde su enunciado no dejan lugar a dudas.

El autor se limita a exponer ideas sin hacer apología de ellas ni en sentido positivo ni negativo. Su intención es acercar al gran público estos conocimientos. Se recomienda, sin embargo, la lectura de textos especializados en temas que se citan en la bibliografía aportada. También haremos un recorrido por la historia de la vida en nuestro planeta desde el momento de su formación hace unos 4600 millones de años.

2. MOLÉCULAS DE LA VIDA

El soporte químico de la vida es el átomo de carbono de ahí que la química que lo estudia se llame química del carbono. Todas las moléculas complejas que intervienen en la vida están formadas por combinación del carbono con otros átomos bien en moléculas relativamente sencillas o normalmente, en moléculas de un elevado número de átomos.

A la química basada en el átomo de carbono se llama química orgánica y por tanto la química de la vida es una parte de la química orgánica.

El átomo de carbono tiene la particularidad de combinarse entre sí y con otros elementos sencillos capaces de formar enlaces covalentes debido a su estructura. El átomo de carbono tiene forma de un tetraedro con el núcleo (protones y neutrones) en el centro donde sus cuatro vértices son los orbitales en los que se localizan los 4 electrones más externos de los 6 que contiene el átomo en total. Cada vértice actúa en la práctica como si fueran "ganchos" con los que se unen entre sí y al resto de los átomos.

Moléculas "sencillas"

Para describir las moléculas debemos empezar por sus constituyentes básicos: los átomos. Los átomos son las unidades estructurales más pequeñas de la materia que tiene existencia individualizada, según el concepto clásico, formados por un núcleo constituidos por protones y neutrones donde se concentra la masa del átomo y electrones girando[1] a su alrededor.

La materia viva está formada fundamentalmente por media docena de átomos o elementos químicos sencillos de los más de 100 que se conocen. Los tres elementos más importantes y presentes en todas las moléculas biológicas son el carbono (C), el oxígeno (O) y el hidrógeno (H). Después figuran el fósforo (P) y el nitrógeno (N) presentes junto con los tres anteriores en la estructura de las proteínas. Así mismo se debe considerar la presencia de azufre (S) en una variedad de moléculas biológicas. Ya en cantidades muy pequeñas pero fundamentales para las funciones biológicas y constitución de los tejidos están algunos metales como el sodio (Na), potasio (K), calcio (Ca) y hierro (Fe) entre otros.

Los átomos se unen para formar moléculas que en función del número de los que se combinen podemos distinguir entre moléculas sencillas formadas por un número reducido de átomos como las moléculas de agua (dos átomos de hidrógeno y uno de oxígeno) que representa un porcentaje en peso muy importante en los seres vivos; el dióxido de carbono (dos átomos de oxígeno y uno de carbono) el gas que expiramos en la respiración resultado de la combinación del oxígeno del aire y el carbono de nuestras células presente en la glucosa que consumimos, y otras sustancias que interactúan en el metabolismo celular.

---

[1] El concepto "giro de electrones alrededor del núcleo" es anticuado y responde a los primeros modelos de la estructura del átomo de principios del siglo XX. Hoy la física cuántica establece la posición de los electrones en orbitales que son los lugares donde la probabilidad de la presencia del electrón es máxima. Sin embargo el modelo antiguo es muy intuitivo y más fácil de manejar.

El siguiente grupo de moléculas importantes para la vida lo forman un conjunto de unos 1000 tipos de moléculas diferentes resultado de la reacción entre sí de entre 10 y 35 átomos distintos.

En este grupo están las moléculas de sustancias tan importantes para la vida como los hidratos de carbono, el combustible de las células de donde extraen la energía para realizar todas las actividades de la vida, los aminoácidos que son los "ladrillos" con los que se fabrican las proteínas y los nucleótidos constituyentes de los ácidos nucleicos ADN y ARN.

Hidratos de carbono

Los hidratos de carbono también llamado glúcidos o azúcares son moléculas formadas por la combinación exclusiva de carbono, hidrógeno y oxígeno.

En la tabla siguiente se expone la clasificación de los hidratos de carbono en función del tamaño de la molécula:

Unidad	Nº de átomos de Carbono	Ejemplos
Monosacáridos	3 a 6	Ribosa (5 carbonos) Glucosa (6 carbonos) Fructosa (6 carbonos)
Unidad	**Ejemplos**	**Fuente de origen**
Disacáridos (dos azúcares unidos)	Lactosa Maltosa Sacarosa	Leche Cereales Azúcar de caña
Polisacáridos (muchos azúcares unidos)	Almidón Glucógeno	Plantas Animales

La molécula más representativa de este grupo es la glucosa cuya combustión genera la energía para las funciones vitales como ya hemos hecho referencia anteriormente. La fórmula se describe en la figura inferior:

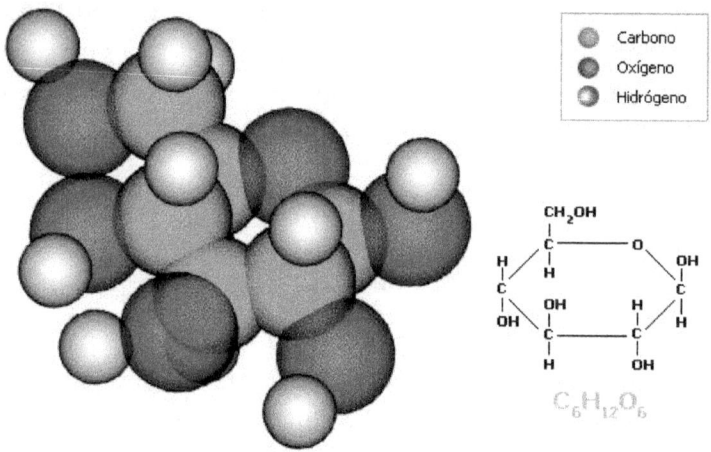

A la derecha la fórmula desarrollada de la glucosa y a la izquierda su representación en modelo tridimensional en la que los átomos figuran como esferas de distintos colores según la leyenda.

Aminoácidos

Los aminoácidos son unas sustancias fundamentales para la vida ya que la combinación de un número importante de ellos forman las proteínas, la maquinaria que estructura a los seres vivos sirviendo de tejidos de sostén y realizando todas las funciones vitales actuando también como catalizadores (las enzimas) de muchísimas reacciones biológicas. Existen gran cantidad de aminoácidos pero solo 20 de ellos son necesarios para las funciones vitales de la materia viva.

En el caso de la especie humana se dividen en dos grupos: aminoácidos esenciales, aquellos que únicamente se obtienen de los alimentos y no esenciales los que nuestro propio cuerpo puede sintetizar. Entre los esenciales podemos citar a la fenilalanina y el triptófano y de los no esenciales la arginina y la tirosina por poner unos ejemplos de cada grupo.

Aminoácidos esenciales	Funciones destacadas
Histidina	Formación de glóbulos blancos y rojos de la sangre
Isoleucina	Formación de hemoglobina
Leucina	Cicatrización del tejido muscular, la piel y los huesos
Lisina	Absorción adecuada del calcio
Metionina	Antioxidante y fuente de azufre
Fenilalanina	Producción de neurotransmisores
Treonina	Formación del colágeno, elastina y esmalte dental
Triptófano	Relajante natural, reducción de la depresión y ansiedad
Valina	Metabolismo muscular y reparación de tejidos
Alanina	Ayuda a metabolizar la glucosa
Aminoácidos no esenciales	
Arginina	Refuerza el sistema inmunológico activando la glándula timo
Acido aspártico	Rejuvenece la actividad celular, y activa el metabolismo
Cisteína	Antioxidante
Acido glutámico	Neurotransmisor del sistema nervioso central
Glutamina	Ayuda a construir y mantener el tejido muscular
Glicina	Regenera tejidos dañados
Ornitina	Influye en la liberación de hormona del crecimiento
Prolina	Ayuda a la producción de colágeno
Serina	Metaboliza las grasas
Tirosina	Precursor de la adrenalina y la dopamina

La tabla anterior agrupa la lista de los aminoácidos para la vida de los humanos así como sus funciones más relevantes.

Los aminoácidos son la materia prima para la fabricación de las proteínas mediante la unión de un determinado número de ellos, frecuentemente más de 100 por molécula de proteína.

Químicamente son como su nombre indica, a la vez ácidos y alcalinos debido a la presencia del radical amino derivado del amoníaco y al grupo carboxilo de los ácidos orgánicos. La fórmula desarrollada de un aminoácido genérico es:

El radical R puede ser cualquier cadena orgánica siendo éste el que establece la diferencia entre uno y otro aminoácido. La unión entre aminoácidos para formar proteínas se verificará siempre entre el radical −OH del grupo carboxilo y uno de los −H del grupo amino formándose una molécula de agua como subproducto. El enlace así formado es lo que se conoce como enlace peptídico.

Lípidos

Los lípidos son moléculas orgánicas insolubles en agua siendo esa una de sus propiedades más importantes, la hidrofobicidad. Es un grupo químicamente diverso y por tanto, desempeñan funciones biológicas muy variadas.

Algunos son moléculas que almacenan gran cantidad de energía química como los triglicéridos. De hecho, como almacenes de energía, los triglicéridos son reservas energéticas más eficaces que los hidratos de carbono. Los fosfolípidos constituyen uno de los componentes principales de las membranas biológicas.

Otros lípidos desempeñan funciones de protección, como los que se encuentran en las superficies limitantes con el medio externo (ceras). Otros desempeñan funciones vitales importantes, como las vitaminas, pigmentos y hormonas.

Químicamente son una combinación de la glicerina (alcohol con tres grupos –OH) con ácidos orgánicos de cadena larga llamados ácidos grasos. Cuando los tres grupos -OH reaccionan con tres ácidos grasos se obtienen los triglicéridos.

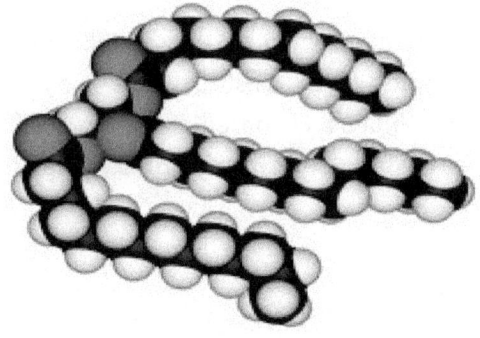

Representación en tres dimensiones de una molécula de triglicérido donde tres ácidos grasos "cuelgan" de una molécula de glicerina. Cada bola representa los átomos. La parte más oscura del centro de cada cadena corresponde a los enlaces establecidos entre los átomos.

Los ácidos grasos pueden ser monoinsaturados, poliinsaturados o saturados en función de que en su cadena molecular estén presentes dobles enlaces o no.

11

La palabra saturación se refiere al hecho de que todos los "huecos" en los que podrían haber átomos de hidrógeno están ocupados por ellos. Cuando hay dobles enlaces en la cadena se produce un déficit de lugares para unir átomos de hidrógeno y por tanto hay menos hidrógeno que en la cadena saturada.

Ejemplos familiares de grasas insaturadas son el aceite de oliva y de girasol mientras que la manteca es un ejemplo de grasa saturada. Normalmente las grasas insaturadas son líquidas a temperatura ambiente y las saturadas sólidas.

Existe otro tipo de lípidos que no contienen ácidos grasos en su molécula son los llamados esteroides. Estos son la base de una gran cantidad de sustancias entre los que destacamos el colesterol, ácidos biliares, hormonas esteroideas como el cortisol, los andrógenos y estrógenos además de vitaminas como las A, D, E y K.

Las grasas se almacenan en unas células especiales del cuerpo llamadas adipocitos que constituyen la mayor parte del tejido adiposo de los animales. El contenido medio normal de grasa en los seres humanos es del 21% en los hombres y 26% en las mujeres.

Nucleótidos

Es un tipo de moléculas imprescindibles para la vida tal como la conocemos. Sin ellos no existirían ni el ADN ni ARN. Lo nucleótidos están formados por la unión de tres moléculas que son el ácido fosfórico, el azúcar ribosa y una de las cinco bases nitrogenadas llamadas así porque son pequeños anillos orgánicos que contienen nitrógeno en su estructura. Estas bases nitrogenadas son las que forman el código genético que determina la información para la replicación de las células y la fabricación de las proteínas mediante códigos que se verán en su momento.

Este código es universal para todas las especies. Las bases nitrogenadas son cinco como ya hemos indicado y sus nombres son adenina (A), guanina (G), citosina (C), timina (T) y uracilo (U). Obviaremos la fórmula química de estas bases y en adelante las distinguiremos por las letras A, G, C, T, y U.

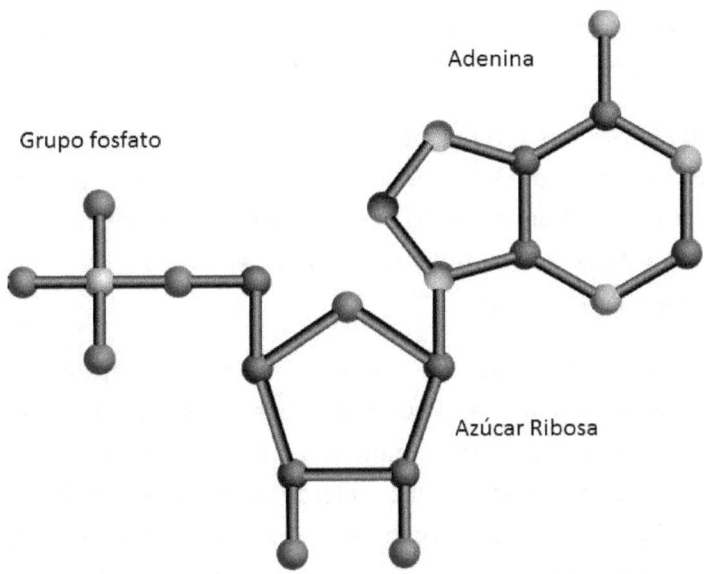

La figura muestra una molécula de nucleótido en la que se reflejan claramente los tres componentes básicos: el grupo fosfato derivado del ácido fosfórico, el azúcar ribosa de 5 átomos de carbono y una de las cinco bases nitrogenadas, la adenina.

"Grandes moléculas"

Proteínas

Denominamos proteínas a un grupo de moléculas formadas por la unión de aminoácidos (que hemos definido antes como moléculas "sencillas") estableciendo largas cadenas que forman lo que en química conocemos por macromoléculas o polímeros.

Las moléculas sencillas actúan como si fueran eslabones que se van uniendo entre sí o en combinación con otras de diferente familia. Estos polímeros forman las partes activas dentro de las células vivas. A las moléculas que hacen de eslabones se llama monómeros.

De todas las macromoléculas que intervienen en las estructuras celulares citaremos las dos más importantes: las proteínas y los ácidos nucleicos.

Las proteínas son polímeros formados por la unión mediante el enlace peptídico de 300 o 400 aminoácidos formando agregados de estructura tridimensional. Existen miles de ellas y cada una tiene una misión distinta en el organismo. Son las que realizan todas las funciones de las células.

La estructura espacial de las proteínas se divide en varias subestructuras llamadas estructuras primarias, secundarias, terciarias cuaternarias. La estructura primaria es lineal y está definida por la secuencia de aminoácidos que vinieron definidos por la información contenida en su gen codificante. Las interacciones entre los aminoácidos próximos producen plegamientos de forma helicoidal, o al azar dando lugar a la que llamamos estructura secundaria.

Una vez adquirida la estructura secundaria las interacciones entre aminoácidos siguen produciéndose pero ahora entre aminoácidos alejados de la cadena primaria dando lugar a la estructura tridimensional característica en forma de ovillo que origina la estructura terciaria. La asociación de varias cadenas asociadas de la estructura terciaria da lugar a la estructura cuaternaria. La estructura cuaternaria de las proteínas deja accesibles determinados huecos activos o "puertos" donde se realizarán las reacciones bioquímicas para las que están diseñadas como es el caso de las enzimas

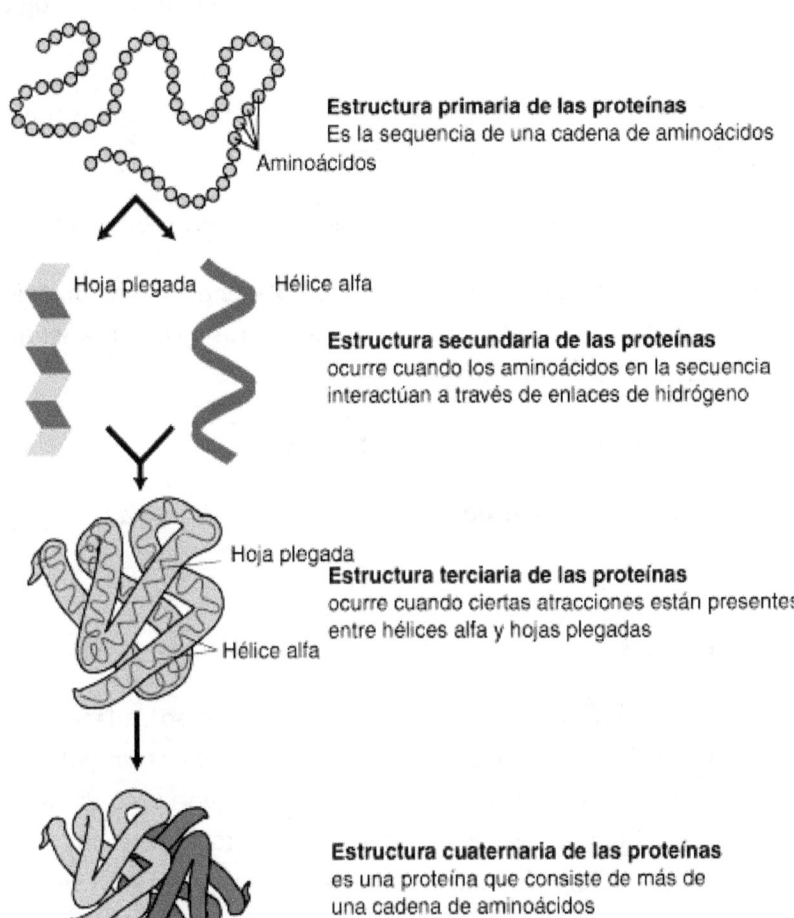

Estructura primaria de las proteínas
Es la sequencia de una cadena de aminoácidos

Aminoácidos

Hoja plegada   Hélice alfa

Estructura secundaria de las proteínas
ocurre cuando los aminoácidos en la secuencia
interactúan a través de enlaces de hidrógeno

Hoja plegada
Estructura terciaria de las proteínas
ocurre cuando ciertas atracciones están presentes
entre hélices alfa y hojas plegadas
Hélice alfa

Estructura cuaternaria de las proteínas
es una proteína que consiste de más de
una cadena de aminoácidos

Estructura tridimensional de una proteína globular y sus fases de formación. Partiendo de una cadena lineal de aminoácidos, se forma la hélice secundaria, después el ovillo y la asociación que origina la estructura final cuaternaria.

Una clasificación de proteínas en función de su función biológica sería:

- Proteínas de transporte como la hemoglobina. Es una proteína globular con estructura cuaternaria.

- Proteínas catalizadoras de reacciones bioquímicas: enzimas.

- Proteínas con función estructural, el colágeno; es una proteína con forma de triple hélice en su estructura cuaternaria que forman las fibras musculares.

- Proteínas de defensa: inmunoglobulinas.

- Proteínas reguladores de procesos biológicos: insulina.

Ácidos nucleicos

Los ácidos nucleicos que intervienen en el proceso de la vida son dos: ADN y ARN. El ADN o ácido desoxirribonucleico es un polímero orgánico formado por la unión de nucleótidos que como ya vimos estaban constituidos por la unión del ácido fosfórico, una base nitrogenada (A, G, C, o T) y un azúcar que en el caso del ADN se trata de la desoxirribosa. El polinucleótido así formado compone un larga hebra en forma de hélice de millones de nucleótidos de la que "cuelgan" las bases nitrogenadas.

Esta hebra se combina con otra de similar longitud mediante la unión de las bases nitrogenadas formando una doble hélice como si fuera una escalera de mano retorcida sobre sí misma en la que los pasamanos serían las cadenas de desoxirribosa y fosfato y los travesaños las uniones de las bases nitrogenadas. La combinación de bases nitrogenadas se hace de una manera definida: siempre se unen adenina con timina y citosina con guanina.

La estructura de la molécula, descubierta en 1953 mediante la técnica de difracción de rayos X por James Watson y Francis Crick tiene una forma tridimensional con el aspecto de la imagen siguiente:

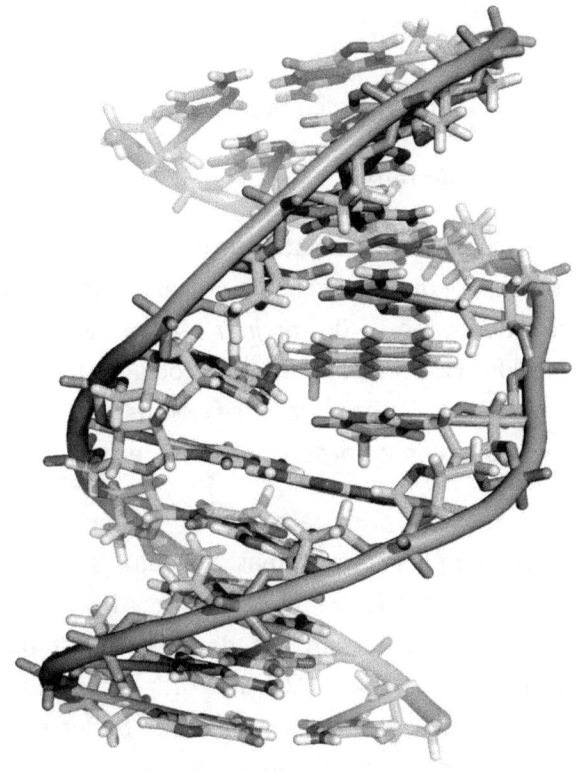

Modelo idealizado de la molécula de ADN. Los "pasamanos" de la escalera de caracol están formados por las moléculas de ion fosfato y el azúcar desoxirribosa. Los "travesaños" son las bases nitrogenadas.

Las bases nitrogenadas quedan alineadas formando secuencias lineales que configuran la información genética que se replica en las especies vivas. Las secuencias quedan pues definidas por el orden y frecuencia de la aparición de las bases.

Así una posible secuencia de un trozo de hélice sería por ejemplo:

ACCAGGGTTTACGA

que se correspondería con la secuencia:

TGGTCCCAAATGCT

de la hélice complementaria.

Un gen sería por tanto una secuencia de bases, tal como la que hemos representado, que codifica una proteína como veremos en su momento cuando tratemos del *dogma central de la biología*. Este sistema de codificación es por tanto un código cuaternario con un potencial de información enorme si se compara con el del código binario de 0 y 1 usado en los ordenadores modernos.

El ADN se acumula principalmente en el núcleo de las células eucariotas[2] formando los cromosomas. Por tanto podemos definir el cromosoma como una enorme molécula de ADN con millones de nucleótidos organizadas formando cadenas compactadas por unas proteínas llamadas histonas. Al ADN así distribuido se llama cromatina. Las células de la especie humana disponen de 23 pares de cromosomas. En cada par hay un cromosoma del padre y otro equivalente de la madre. Así que tenemos 46 moléculas de ADN alojadas cada una en su correspondiente cromosoma.

---

[2] Las células eucariotas son aquellas que tienen un núcleo, que contiene la información genética, aislado del resto de la célula por una membrana. Los organismos vivos pluricelulares están formados por células eucariotas.

El ácido ribonucleico o ARN es un ácido formado también por nucleótidos con estructura química muy similar al ADN excepto cuatro características que los diferencian:

- La primera diferencia es que el azúcar que interviene en su molécula es la ribosa que sustituye a la desoxirribosa del ADN y le da nombre a la molécula.

- La segunda diferencia es que una de las cuatro bases nitrogenadas es diferente a las del ADN. La base uracilo (U) sustituye a la timina (T). Por tanto el ARN está formado por las bases A, G, C, U.

- La tercera consiste en que la molécula de ARN está estructurada por una sola hebra en lugar de las dos del ADN, plegada en forma de trébol.

- Y cuarta: el número de nucleótidos del ARN es menor que los del ADN. Una típica molécula de ARN puede contener solo unos cientos o miles de nucleótidos en lugar de millones en el ADN.

La misión del ARN es extraer del núcleo de la célula el mensaje genético del ADN y transportarlo al citoplasma con el fin de unir los aminoácidos correspondientes para fabricar la proteína que se desee.

Estudios recientes sobre el origen de la vida investigan sobre la posibilidad de que moléculas de ARN fueran las iniciadoras de los procesos vitales en los primeros microorganismos. Hablaremos de esto con más detalle más adelante.

Comentar también que algunos virus[3] como los retrovirus, (el del SIDA y algunos tipos de cáncer) están formados por una molécula de ARN rodeada por una cubierta de proteína.

Por último mostramos el aspecto de la molécula típica de ARN:

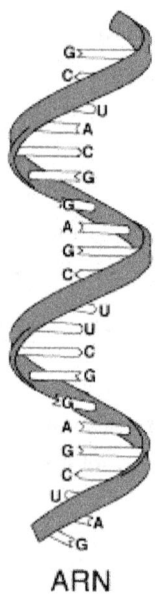

ARN

Imagen de la molécula ARN

---

[3] Un virus es la mínima entidad bioquímica capaz de replicarse y producir actividades vitales. Solo puede vivir en otras células y su actividad se realiza a expensas de la célula hospedadora valiéndose de sus estructuras para realizar su metabolismo. La comunidad científica está dividida en cuanto a considerarlos como seres vivos por la ausencia de estructuras metabólicas.

ATP

Finalmente debemos hablar de otra molécula fundamental para la vida, el adenosintrifosfato o ATP. Según la descripción anterior se trata de una molécula que la deberíamos catalogar dentro del grupo de las moléculas sencillas formada por poco más de 40 átomos de fósforo, carbono, oxígeno, hidrógeno y nitrógeno. Es la molécula de la energía ya que participa en todos los procesos de intercambio de energía en las células. Actúa como una batería; se carga de energía, la libera en un proceso bioquímico y se vuelve a recargar. La molécula de ATP tiene un azúcar como base, la ribosa, a la que se le unen por un lado la base nitrogenada adenina y por el otro lado tres grupos fosfato en la fase cargada de energía. Cuando descarga energía se libera de un grupo fosfato quedándose solo con dos.

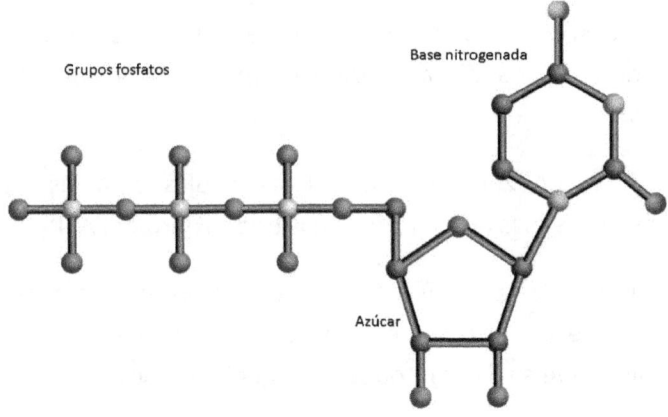

Fórmula de la molécula de ATP

El esquema de funcionamiento es el siguiente: la energía del sol absorbida por las plantas mediante el proceso de la fotosíntesis fabrica hidratos de carbono a partir del dióxido de carbono del aire y del agua.

Una parte de los hidratos de carbono producidos la consume la propia planta y el resto se almacena. En las mitocondrias[4] de las células animales se queman los hidratos de carbono con el oxígeno respirado liberando energía. Esta energía se acumula en la molécula de ATP que la utiliza en los procesos bioquímicos. Cuando se rompe un enlace de los que unen a los grupos fosfato la molécula de ATP queda descargada transformándose en ADP (adenosindifosfato) y vuelve a empezar el ciclo. El esquema de la reacción de recarga de energía sería:

ADP + Fosfato + ENERGÍA 1 $\Longrightarrow$ ATP

y el de descarga de energía evidentemente el inverso:

ATP $\Longrightarrow$ Fosfato + ENERGÍA 2 + ADP

La ENERGÍA 1 proviene del sol en el caso de las plantas y de la combustión de los hidratos de carbono y de las grasas en los animales.

La ENERGÍA 2 es la cedida a las células para las reacciones químicas necesarias al separarse un grupo fosfato del ATP

La molécula de ATP participa en todas las trasferencias de energía necesarias para el funcionamiento de las reacciones bioquímicas que se dan en todos los organismos vivos.

Algunos ejemplos son:

El ATP proporciona la energía para unir los nucleótidos y construir cadenas de información como el ADN.

---

[4] La mitocondria es un orgánulo de la célula animal que actúa de central energética donde se queman los hidratos de carbono con el oxígeno respirado.

Suministran la energía para hacer que las proteínas contraigan los músculos.

Transportan pequeñas moléculas, por ejemplo, del interior al exterior de las células.

Aportan la energía necesaria para que las enzimas catalicen las reacciones bioquímicas.

Ayudan en la fabricación de azúcares en la fotosíntesis y del metabolismo general de todos los alimentos mediante el llamado ciclo de Krebs[5]. La importancia del ciclo de Krebs es tal que llevó a su descubridor a declarar que << la presencia del mismo mecanismo de producción de energía en todas las formas de vida sugiere, por un lado que dicho mecanismo apareció muy pronto en el proceso evolutivo y segundo que la vida, en sus formas presentes, solo ha aparecido una vez>>.

---

[5] Hans Adolf Krebs (1900-1981) bioquímico alemán ganador del Premio Nobel de Medicina en 1953 por el descubrimiento del ciclo de reacciones que lleva su nombre.

3. UN POCO DE GENÉTICA

Historia de la genética

Hasta mediados del siglo XIX la genética era una ciencia desconocida, no existía como tal. No fue hasta 1860 cuando un monje católico austriaco llamado Gregor Mendel descubrió en sus experimentos de cruzamiento de guisantes, algo que él llamó "factores" y comprobó que determinaban la herencia de los guisantes.

Cada rasgo hereditario parecía estar controlado por un par de esos "factores". Además descubrió que un rasgo podía tener dos formas: 'dominante' y 'recesivo'. Por ejemplo descubrió que si una planta alta era fecundada con una baja, la descendencia era mayoritariamente alta, es decir que la altura parecía ser un carácter dominante frente al tamaño bajo que sería recesivo. Sin embargo el rasgo "baja altura" no desaparecía. Podría reaparecer en sucesivas generaciones: la descendencia de dos plantas altas podrían ser plantas bajas.

Unos 30 años después diferentes investigadores descubrieron los cromosomas (estructuras microscópicas en el núcleo celular). Observaron que los cromosomas que se presentaban en pares se duplicaban antes de cada división celular y se repartían en las células hijas. A partir de este momento se empezó a sospechar que los cromosomas podrían ser los portadores de la herencia.

En el año 1903 Walter Sutton[6] estableció la relación entre los 'factores' de Mendel y la existencia de los cromosomas de manera que cada par de rasgos estaban en un par de cromosomas y que de cada par de cromosomas de una célula, uno venia de la madre y otro del padre. Como vemos aún no se hablaba de genes, solo de factores. Dos años más tarde, en 1905, se descubrió que el sexo estaba determinado por dos cromosomas especiales, que denominaron X e Y comprobándose que las células femeninas tienen dos cromosomas X y las masculinas uno X y otro Y.

En 1906 los científicos concluyeron que los factores de Mendel eran los genes dándoles el significado de unidad de información que especifica un rasgo particular o característico. También se comprobó que muchos genes se heredaban juntos al estar unidos unos a otros en los cromosomas. A pesar de esto, en la transmisión conjunta de genes existen genes que lo hacen con mayor frecuencia que otros. Esto depende de la separación física de los genes dentro del cromosoma. Cuanto más separados están, menos probable es que se hereden juntos.

En 1909 se comprobó por primera vez que existían enfermedades hereditarias causadas por genes defectuosos. Estos genes con defecto dan lugar a proteínas que funcionan mal siendo éste el origen de la enfermedad. En 1927 se encontró que las mutaciones—cambios en las bases durante la replicación de los genes—daban lugar a características nuevas. Ese año Hermann Muller[7] provocó por primera vez mutaciones mediante la aplicación de rayos X a los cromosomas.

---

[6] Walter Sutton (1877-1916) fue un médico y genetista estadounidense.

[7] Herman Muller (1890-1967) fue un biólogo estadounidense premio Nobel de Medicina en 1946.

Más adelante, en 1942, Beadle y Tatum[8] trabajando con hongos (levaduras) del pan demostraron que cada gen individual controla la producción de una determinada proteína.

Ya solo quedaba por descubrir de qué estaban hechos los genes. Esto lo demostró Oswald Avery[9] en 1944 junto con su equipo de investigadores, estableciendo que los genes estaban compuestos por un ácido especial, el ácido desoxirribonucleico o ADN cuya estructura de doble hélice descubierta por Francis Crick y James Watson[10] en 1953, hemos descrito en el capítulo dedicado grandes moléculas.

Genoma

La molécula de ADN está compuesta de una serie muy larga de segmentos de nucleótidos. Recordemos también que cada nucleótido incorpora una y solo una de la de las bases nitrogenadas (en adelante las denominaremos solo bases), A, G, C, o T. Visto lo anterior llamamos *gen* a cualquier segmento de la molécula de ADN que codifica para una proteína o una molécula de ARN. Pero no todos los segmentos de la larga molécula de ADN son genes.

---

[8] Beadle y Tatum fueron dos biólogos estadounidenses que recibieron conjuntamente en 1958 el premio Nobel de Medicina por sus experimentos sobre las mutaciones inducidas.

[9] Oswald Avery (1877-1955), médico canadiense fue uno de los pioneros en biología molecular e inmunoquímica.

[10] Francis Crick (1916-2004) y James Watson (1928), biólogos británico y estadounidense, respectivamente y premios Nobel de Medicina en 1962 junto con Maurice Wilkins, neozelandés, por sus trabajos sobre la estructura del ADN.

Existen también otros segmentos cuya función es la de servir de reguladores de la replicación que identifican los puntos sobre los que tiene que actuar las enzimas para indicar el omienzo y el final de un gen e identificar los puntos de inicio de la replicación de la molécula de ADN.

Podemos imaginar a los genes como los tomos de una enciclopedia; cada tomo contiene instrucciones específicas para determinadas funciones. La molécula de cada célula de ADN sería la enciclopedia completa y el conjunto de cromosomas equivaldría a una biblioteca.

Respecto a las funciones de los genes, ellos son como las recetas de cocina para mezclar los ingredientes de un plato. En este caso los ingredientes son los aminoácidos. El resto del trabajo de elaboración es llevado a cabo por las proteínas. Por tanto los genes no hacen nada, no mantienen la temperatura, no luchan contra los intrusos, no escogen compañero...solo llevan información, las recetas, de cómo hacerlo.

Se llama genoma de un ser vivo al conjunto completo y único de su información genética. En las células eucariotas, (células con núcleo diferenciado) el material está distribuido en unidades denominadas *cromosomas*. Cada cromosoma de una célula eucariota contiene una sola molécula de ADN muy larga y cada cromosoma tiene un conjunto característico de genes. Por tanto, en el caso humano que tiene 23 pares de cromosomas, el cromosoma 1 tiene una molécula de ADN y un conjunto de características 1; el cromosoma 2 igualmente tiene otra molécula de ADN con el conjunto de características 2 y así para todos los cromosomas. Esto es válido para cada uno de los cromosomas que forman pareja. Las células con cromosomas duplicados son células diploides y las de cromosomas con un solo juego, haploides.

En las células diploides de cada pareja de cromosomas homólogos una copia proviene del padre y la otra de la madre.

El ser humano tiene en su genoma unos 3200 millones de pares de bases equivalentes a 32500 genes repartidos en 23 cromosomas diferentes. De los 23 pares de cromosomas un par lo forman los cromosomas que definen el sexo (dos cromosomas X en las mujeres y un cromosoma X más un Y en los hombres). En las células eucariotas hay un gran excedente de ADN del que se desconoce su función. Los segmentos que contienen genes que codifican proteínas se llaman exones y los que no codifican, intrones. El genoma humano contiene menos del 2% de ADN exónico.

La cantidad de pares de bases de los genomas varía mucho entre especies y no es la humana la que más bases tiene. La levadura de cerveza tiene 12 millones, la mosca *Drosophila melanogaster* 170 millones, el maíz 4500 millones y la salamandra 765000 millones. Este es un dato interesante que nos hace pensar. No existe una correlación clara entre lo que podíamos llamar seres "superiores" y su dotación genética. En este sentido el hombre no es el rey de creación. Hay plantas y animales con mayor información y complejidad genética, pero esto sería ya un aspecto filosófico que aquí no ha lugar.

Las células procariotas (células sin núcleo diferenciado) contienen un solo cromosoma con una única copia de cada gen. Por ejemplo la bacteria *Escherichia colli* tiene una molécula circular de ADN de 4,6 millones de pares de bases que codifican unos 4300 genes de proteínas y 115 genes de ARN.

En un cromosoma podemos distinguir diferentes zonas de la macromolécula con funciones específicas. Las más importantes son los orígenes de replicación, el centrómero y los telómeros.

Los orígenes de replicación son los puntos donde se inicia la duplicación del ADN como veremos a continuación. El centrómero es la secuencia de ADN que actúa como punto de unión de las proteínas que fijan los cromosomas a los microtúbulos del huso mitótico durante la división de la célula en la profase de la mitosis celular. Y finalmente los telómeros que forman como unas cápsulas protectoras que estabilizan los extremos de los cromosomas de las células eucariotas. En cada división celular se van degenerando los extremos de los cromosomas y por tanto se va perdiendo masa génica. Este proceso lleva al envejecimiento y muerte de la célula. Parece que en las células tumorales este proceso degenerativo se minimiza permaneciendo estables los telómeros y por tanto manteniendo intacta la capacidad de división y proliferación de las células malignas.

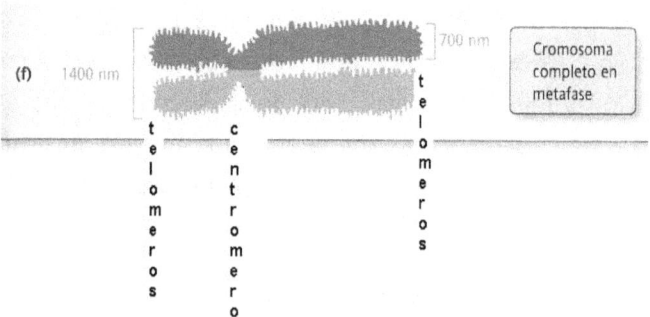

Aspecto de un cromosoma de una célula eucariota en la fase <<metafase>> del proceso de división del núcleo celular con la descripción de sus elementos funcionales.

ADN mitocondrial

La mayor parte del ADN se encuentra en el núcleo de la célula, sin embargo una pequeña cantidad del mismo se aloja en las mitocondrias en los animales y en los cloroplastos de las plantas. Parece que el origen de las mitocondrias evolucionó de bacterias endocitadas[11] en células ancestrales que tenían un núcleo eucariota.

A lo largo de la evolución la mayoría de los genes bacterianos fueron transmitidos al núcleo. Sin embargo las mitocondrias y cloroplastos de las células actuales conservaron ADN que codifican proteínas para ellos y ARN ribosómico y de transferencia para su traducción. El ADN mitocondrial se encuentra en la matriz mitocondrial.

Durante la mitosis[12] cada célula hija recibe aproximadamente el mismo número de mitocondrias. En los mamíferos y la mayoría de los seres multicelulares el espermatozoide contribuye con muy poco citoplasma al cigoto por lo que las mitocondrias del embrión proceden del óvulo. Los estudios han demostrado que el 99,9 % del ADN mitocondrial se hereda de la madre. El ADN mitocondrial, al igual que el del núcleo, puede sufrir mutaciones y alguna de ellas pueden dar lugar a enfermedades.

---

[11] La endocitosis es el proceso por el cual la célula introduce moléculas grandes o partículas englobándolas en una invaginación de la membrana citoplasmática, formando una vesícula que termina por desprenderse de la membrana para incorporarse al citoplasma.

[12] Mitosis es el proceso de división de la célula para generar dos células hijas.

Replicación de la molécula de ADN

La replicación de la molécula de ADN es el proceso sobre el que se fundamenta la propia existencia de los seres vivos asegurando la descendencia y la supervivencia de los individuos y de las especies mismas. En esencia, la replicación consiste en obtener dos copias de una molécula original de ADN sin errores o con los menos posibles.

Cuando se produce un error de un número significativo de bases se origina una mutación. Estas mutaciones normalmente son deletéreas, es decir que conducen a la muerte del individuo, pero otras ofrecen ventajas adaptativas al medio dando lugar a una nueva especie. El hecho de que se produzcan mutaciones y que sobrevivan a las condiciones ambientales cambiantes es la base de la teoría de la evolución de las especies enunciada por Charles Darwin en su libro *El origen de las especies por medio de la selección natural* hace casi 150[13] años.

La duplicación de la molécula de ADN es un proceso químico muy complejo pero que podemos condensar en una breve descripción gráfica. Para empezar debemos recordar la estructura de la molécula de ADN con su doble hélice unida transversalmente por las bases. Pues bien, para duplicar la molécula lo primero es separar las dos hélices como si se tratase de una cremallera que se abre cuyos dientes serían las bases nitrogenadas. Pero la apertura no se realiza desde el principio de la molécula hasta el final sino que comienza en el interior formándose diferentes burbujas llamados orígenes de replicación.

---

[13] Charles Darwin (1809-1882) publicó en 1859 *El origen de las especies por medio de la selección natural*.

El proceso de replicación en cadenas lineales comienza por varias burbujas que abriéndose en ambas direcciones llegan a fusionarse en una gran burbuja final que completa la replicación de la molécula. Fijémonos en una de estas burbujas:

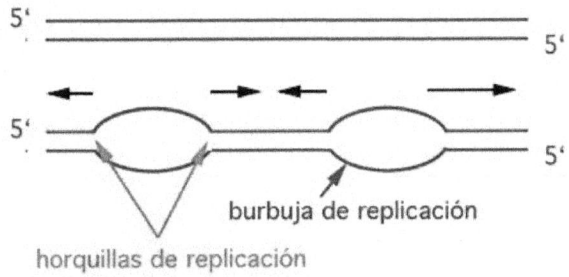

Burbujas de replicación del ADN

En la parte superior de la figura encontramos las dos cadenas de ADN paralelas. Para llegar a esta configuración ha sido necesario que intervengan dos proteínas: la ADN helicasa y la ADN girasa. La primera se encarga de desenrollar la doble hélice dejando paralelas los dos hebras de fosfato y desoxirribosa que formaban los laterales de la hélice. La segunda reduce la tensión que se ha formado como consecuencia del "paralelizado" de la molécula. Una vez conseguido esto empiezan a aparecer las burbujas de replicación que avanzando en direcciones opuestas se van uniendo hasta separar las dos hebras completas de nucleótidos.

Una vez que se han separado las dos hebras parentales comienza el proceso de replicación propiamente dicho. Cada hebra parental sirve de molde para que se copie la nueva hebra hija recién sintetizada por otra enzima la ADN polimerasa, añadiendo las bases correspondientes, es decir, uniéndose A con T y C con G.

Si la secuencia de una hebra parental fuera por ejemplo, AAACCGG... la secuencia correspondiente de la hebra hija sería TTTGGCC... y así sucesivamente.

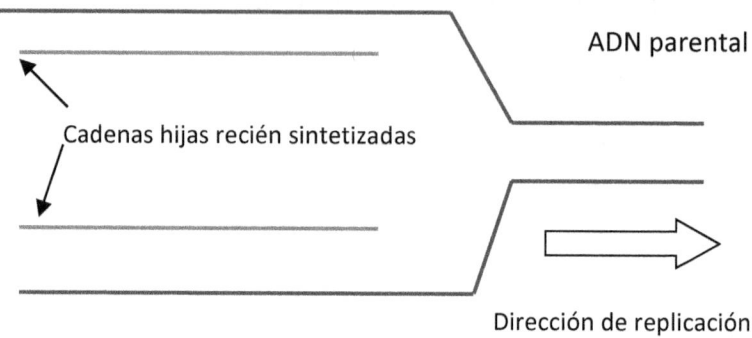

ADN parental

Cadenas hijas recién sintetizadas

Dirección de replicación

En este complicado proceso se pueden producir errores de copia. Pero estos errores se corrigen por el trabajo de otras enzimas correctoras. En realidad no hay una única enzima ADN polimerasa, sino varios tipos de ella, unas dedicadas a la polimerización en sí y otras a la corrección de errores y a la terminación de la molécula. El margen de error que se produce en este proceso es muy bajo estimándose que en promedio se presenta un error por cada 10 millones de bases añadidas.

El dogma central de la biología

El conocido como "dogma central de la biología" expresa la ruta principal de síntesis de las proteínas, o lo que es lo mismo, cómo fluye la información genética dentro de la célula que se lleva cabo en todos los seres vivos con muy pocas excepciones[14].

---

[14] Algunos virus, como el del sida, no siguen este esquema sino el opuesto; su ARN es capaz de modificar el ADN de la célula hospedadora. Aclararemos que los virus no tiene vida propia ya que no disponen de metabolismo y replicación autónomos.

El "dogma" se basa en el siguiente esquema:

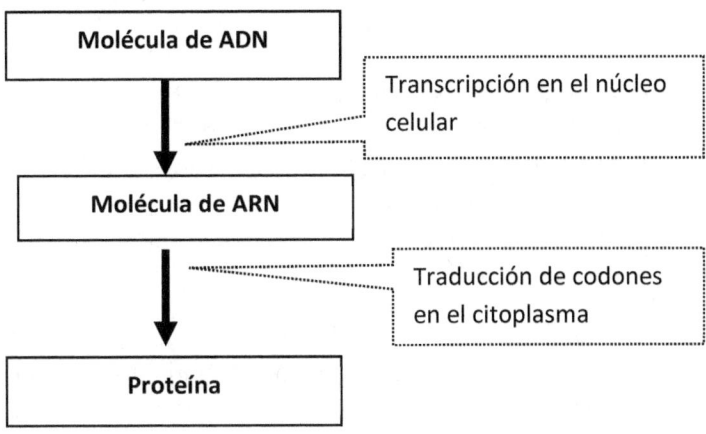

Todos los organismos usan el ADN como almacén de información del material hereditario.

La información genética está contenida en los genes, segmentos de ADN que llevan las claves para fabricar un producto funcional, proteína o enzima determinada. Ya sabemos que para que la información pase de una molécula de ADN a otra, lo primero es la replicación del ADN como hemos visto. Además como el ADN está en el núcleo y las proteínas se fabrican en el citoplasma hace falta un mensajero que transfiera la información. Aquí es donde entra en juego la molécula de ARN.

El ADN se copia en el núcleo de la célula en forma de ARN-mensajero en un proceso llamado transcripción.

Sus funciones reproductivas las realizan con el material biológico de la célula hospedadora. Por eso normalmente no se consideran seres vivos. También algunas proteínas (priones) no siguen el dogma central de la biología.

El ARN-mensajero copiado emigra al citoplasma a unas unidades especiales llamadas ribosomas. El ribosoma es como un lector; lee las secuencias de nucleótidos del ARN-mensajero.

En estas unidades se decodifican las bases nitrogenadas transportadas por el ARN-mensajero "llamando" a los aminoácidos, (que deben estar presentes en el citoplasma ingeridos bien por la dieta o sintetizados por el propio organismo), para que se combinen en el ribosoma y se forme la proteína correspondiente. De esta misión se encarga el ARN-transferencia.

Cada aminoácido viene definido en el proceso por un codón[15] que es un triplete de bases (con sus correspondientes nucleótidos) resultado de las variaciones con repetición de las cuatro bases, A, G, C, T tomadas de tres en tres.

El proceso de transcripción recuerda al de duplicación del ADN pero tiene las siguientes diferencias:

- La copia de los nucleótidos no es para toda la molécula de ADN sino solo para copiar el gen correspondiente a la proteína que se quiere sintetizar.

- La molécula de ADN solo se abre por la burbuja correspondiente al gen a copiar.

- El trabajo más importante lo realiza el ARN-mensajero que se encarga de la copia de los nucleótidos correspondientes incorporando una nueva base nitrogenada, el uracilo (U) que sustituye a la timina (T) del ADN

---

[15] Codón es un conjunto de tres bases que codifican un aminoácido o la terminación del proceso de transcripción. Ejemplos: GCA = alanina; ACA = treonina; UGA = final. Existen 64 codones de los que solo 61 codifican aminoácidos. Algunos aminoácidos son codificados por más de un codón.

Duplicación de la célula eucariota

A continuación se presenta un esquema de las fases por las que pasan las células eucariotas para su división. El ciclo se divide en dos partes: una primera fase preparatoria donde se replica el ADN y otra segunda que es la mitosis propiamente dicha. En él se puede observar al microscopio los pasos de la división de un cromosoma

En la imagen hemos escogido la división de un par de cromosomas homólogos para simplificarlo pero este proceso se realiza en la totalidad de los pares de cromosomas de la célula.

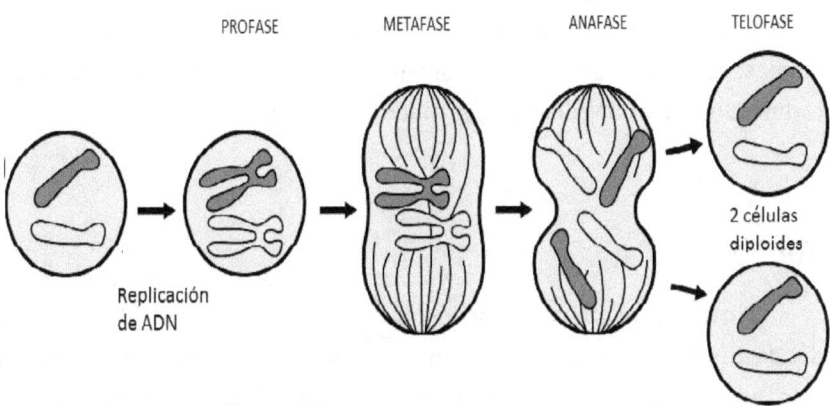

En la profase, los cromosomas duplicados en la fase anterior, se emparejan uniéndose por el centro en un punto que se llama centrómero y se empiezan a unir a unas proteínas filamentosas que parten de los polos opuestos de la célula llamados centriolos.

A continuación las proteínas filamentosas tiran de cada pareja hasta situarlas en el ecuador de la célula en la llamada metafase. En la anafase se separan las parejas de cromosomas unidos por el centrómero para formar dos subconjuntos de cromosomas hijos para cada célula nueva que se va a formar.

En la telofase cada subconjunto de cromosomas se rodea de su propia membrana nuclear y la célula se divide en dos repartiéndose a partes iguales el resto del citoplasma.

Conviene aclarar que todas las células de cada ser vivo tienen en mismo conjunto de genes o sea la misma información genética sean células del hígado, la piel, una neurona o de una fibra muscular. La funcionalidad de cada una depende de los genes que se expresen o activen.

Cuando se empieza a desarrollar un ser vivo a partir del embrión se "encienden" los genes, por ejemplo para neuronas permaneciendo el resto del genoma "apagado". Lo mismo ocurre para el resto de las células; cada una será lo que digan los genes "encendidos" aunque todas compartan la misma información genética.

Meiosis

La meiosis es un caso particular de mitosis por el cual la célula se divide en cuatro células hijas en lugar de dos. La meiosis se realiza solo en las células de las glándulas sexuales llamadas gónadas que producen los espermatozoides en el caso de los machos y los óvulos en las hembras.

El mecanismo es simple: cada célula diploide que se va a dividir sufre dos divisiones sucesivas dando lugar a cuatro células haploides[16]. Cada división celular lleva incorporada la división del citoplasma.

---

[16] La célula haploide tiene solo un juego de cromosomas, 23 en el caso de la especie humana, mientras que las diploides tienen un doble juego de cromosomas homólogos.

Este proceso se lleva a cabo en dos divisiones nucleares y citoplasmáticas, llamada primera y segunda división meiótica o simplemente meiosis I y meiosis II. Ambas comprenden profase, metafase, anafase y telofase como en la mitosis normal.

En la primera meiosis se produce la duplicación; los cromosomas replicados quedan unidos mediante el centrómero. En este momento se produce un fenómeno peculiar de este tipo de división celular que se conoce como el entrecruzamiento o *cross-linking* en la terminología genética.

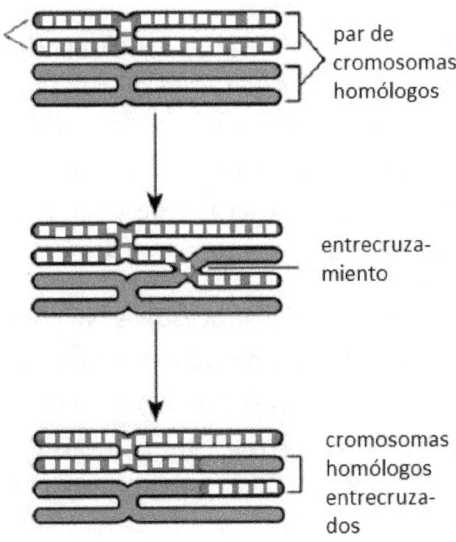

par de cromosomas homólogos

entrecruza-miento

cromosomas homólogos entrecruza-dos

Esquema del proceso de "crosslinking" o entrecruzamiento en un par de cromosomas homólogos.

En él se recombinan genes de la madre y del padre para formar una nueva combinación genética en los cromosomas hijos. Después se separan por el centrómero y quedan cuatro células hijas haploides.

Obsérvese en la figura que cada par de cromosomas homólogos original da lugar a dos cromosomas hijos sin intercambio genético y dos con intercambio genético debido al entrecruzamiento. Esto ocurre en todos los cromosomas del núcleo celular.

Es una particularidad de la división celular sexual que resulta en una gran diversidad genética en el transcurso de las generaciones y da lugar a que los hijos no sean simples fotocopias de uno de los progenitores sino que desarrollen rasgos distintos incluso entre hermanos que comparten la misma información genética, excepto en los gemelos monocigóticos[17].

Los mazos de cartas de la baraja pueden servir para ilustrar el fenómeno de la meiosis. Partimos de una célula diploide humana con una dotación de 23 mazos de cartas del padre y otros 23 de la madre en el que cada pareja de mazos representa un par de cromosomas homólogos, por ejemplo el par de cromosomas el 1 A y 1B (A del padre y B de la madre)

El primer paso del proceso es la duplicación de cada mazo obteniendo dos parejas de mazos, es como si hubiéramos ido a la imprenta y pedimos una copia exacta de cada mazo. Tendríamos por tanto, los mazos 1A + 1A', 2A + 2A'. El signo más significa la unión a través del centrómero. Hasta aquí sería una mitosis normal.

A continuación ponemos los cuatro mazos uno al lado de otros en el orden 1A + 1A', 2A + 2A' (en inglés "side by side"). En esa posición se produce el barajado de las cartas de los mazos 1A' con el 2A mezclándose al azar.

---

[17] Los gemelos monocigóticos son aquellos individuos que proviene de la bipartición de un solo óvulo fecundado o cigoto. Los genes de ambos individuos son idénticos, son por tanto del mismo sexo y desarrollarán los mismos rasgos somáticos.

Esta sería la recombinación de genes o *cross linking* obteniéndose cuatro mazos de cartas en los que dos de ellos aparecen con las cartas mezcladas en un orden distinto al original y dos sin mezcla.

El paso siguiente consiste en la ruptura de los centrómeros liberando los mazos en cuatro unidades haploides que serían los gametos masculinos en un individuo y femeninos en otro.

Hasta aquí el proceso de la meiosis. Ahora empieza la fecundación de los óvulos por los espermatozoides para dar lugar a un nuevo ser vivo con dotación de cromosómica diploide.

Este es el fundamento de la reproducción sexual utilizado por todos los seres vivos pluricelulares eucariotas tanto plantas como animales. Las bacterias y otros seres unicelulares se reproducen por bipartición de toda la célula (su único cromosoma y citoplasma) en dos mitades idénticas.

4. ¿QUÉ ES LA VIDA?

El primer científico moderno que intentó responder a esta pregunta fue el físico austriaco Erwin Schrödinger (1887- 1961), uno de los fundadores de la física cuántica y el que formuló la ecuación de onda que describe la posición y la energía de las partículas elementales. Schrödinger hizo sus pinitos en biología y escribió en 1944 una pequeña obra titulada *What is life?* (¿Qué es la vida?). Esta obra se ha convertido en un clásico en biología y referencia para todos científicos que se han interesado por el origen de la vida.

La obra aporta dos ideas fundamentales. Una es que los sistemas biológicos no contradicen la segunda ley de la termodinámica y la otra es que las moléculas que gobiernan la herencia biológica deberían comportarse como un <<cristal aperiódico>>.

Cuando Schrödinger escribió *What is life?* aún faltaban casi 10 años para que se descubriera la estructura en doble hélice del ácido nucleico conocido como ADN del que ya se sabía que portaba la información genética que pasaba de las células madre a las hijas y que trasmitían los rasgos hereditarios, es decir los genes. En la aperiodicidad del cristal definido por Schrödinger estaba la clave de la variabilidad genética que ofrece la combinación aleatoria de las cuatro bases nitrogenadas que distinguen la molécula de ADN. A la misma pregunta *What is life?*, trata de contestar Paul Davis[18] en su obra *The Fifth miracle* escrita en 1999. Davies propone una serie de propiedades que se deben dar para considerar que la materia tiene vida.

---

[18] Paul Davies nacido en Londres en 1946 es físico y escritor.

En primer lugar establece como característica fundamental la autonomía de la vida o capacidad de tener determinación propia. Esta propiedad la expresa de la siguiente manera: si arrojamos al aire dos pájaros, uno vivo y otro muerto, el pájaro muerto caerá al suelo de manera previsible después de unos pocos segundos atraído por la ley de la gravedad de la que no puede escapar. El pájaro vivo elevará su vuelo y se posará decenas o centenares de metros después sobre un árbol, una antena de televisión o el tejado de una casa. Puede, dentro de unos ciertos límites, hacer lo que quiera. Es como si algo interno le confiriese esa libertad y le liberase de la acción de la gravedad. Esta es una primera característica que distingue a la materia viva de la inerte.

Otra característica es la capacidad de reproducción. Ella es condición necesaria pero no suficiente como se comprueba en la naturaleza. Los cristales se reproducen pero no son materia viva, sin embargo una mula es un ser vivo aunque estéril. Las mulas no se reproducen pero tienen el resto de condiciones que definen la vida.

También debe haber metabolismo: para que un organismo se le pueda considerar propiamente vivo ha de ser capaz de hacer algo. Todos los organismos procesan productos químicos que originan energía para realizar otras funciones tales como el movimiento y la reproducción. A esta capacidad se llama metabolismo. Sin embargo el metabolismo por sí solo no puede definir el concepto de vida. Muchos microorganismos pasan por etapas de letargo en la que no se realiza ninguna actividad metabólica. Relacionado con el metabolismo está el concepto de nutrición. Sin él la vida se acaba. Por tanto para la vida es crucial que exista un aporte continuo de materia y energía. Esta energía no puede ser de cualquier clase, debe ser energía útil. El concepto de energía útil lo veremos en un capitulo posterior.

Todos los organismos vivos conocidos son extraordinariamente complejos. En un microorganismo unicelular existe una actividad molecular que incluye billones de moléculas químicas diferentes interactuando. Pero más que la complejidad en sí lo que contribuye a la vida es que esa complejidad debe estar organizada. La complejidad no puede ser caótica sino que debe presentar una gran cooperación entre las partes. El movimiento de las piernas debe ser organizado para que sea eficaz. Una pierna no puede ir hacia adelante y otra hacia atrás simultáneamente. Así no servirían para nada. Lo mismo se aplica a las reacciones bioquímicas. Debe haber una secuencia de actuación lógica entre las enzimas. Para que exista complejidad organizada es necesaria una gran cantidad de información, pero no de cualquier información sino de aquella que se da de una manera especificada, para hacer algo predefinido.

El crecimiento e innovación también son característicos de los organismos vivos. Los organismos individuales crecen y los ecosistemas se distribuyen, propagan y proliferan si las condiciones son las adecuadas, pero lo que está más íntimamente unido a la vida es la capacidad de crear nuevas formas de vida mediante la variación y novedad. Esta capacidad es el fundamento de la evolución darwiniana.

La vida se basa en la buena interconexión del hardware y software que manejan la información que sustenta la vida. En los procesos vitales el hardware son las proteínas que son las que "trabajan" para realizar todas las funciones vitales dirigidas por las instrucciones proporcionadas por los ácidos nucleicos ADN y ARN que formarían el software vital. La interconexión se lleva a cabo mediante un código, el código genético, cuya transcripción se efectúa por el ARN en los ribosomas.

Resumiendo, podemos comprobar que la definición de la vida no es tarea fácil y desde luego no es el resultado de aplicar alguno de los criterios anteriores sino de expresar el conjunto de todos ellos de manera que llegamos al concepto de vida a través de un proceso a posteriori en el sentido kantiano de conocimiento empírico de las facultades vitales. No existe por tanto ninguna cualidad definitoria que haga distinción entre lo vivo y lo no vivo. No es posible establecer un "corazón de la vida", alguna molécula que por sí sola defina el proceso vital. No existe algo que pueda ser llamado molécula viva, solo un sistema de procesos moleculares que actúan de forma colectiva se puede considerar vivo.

Si tuviéramos que sintetizar las cualidades anteriores deberíamos hacerlo sobre dos aspectos que son cruciales para toda organización viva: metabolismo y reproducción. En el caso de los humanos las funciones básicas son respirar, comer, beber, excretar y actividad sexual. Las cuatro primeras están relacionadas con el metabolismo y la última con la reproducción.

Algunas cosas más que nos aclararán el concepto de qué es la vida

Aunque ya la hemos citado varias veces es hora de describir los elementos de las unidades elementales que tienen vida propia, es decir, la célula. La célula es la porción más pequeña de materia que es autónoma y autosuficiente capaz por tanto de alimentarse y reproducirse. Metabolizar significa tomar nutrientes, transformarlos en energía con la que sintetizará nuevos productos químicos y eliminar los excedentes como desechos. Todas estas operaciones conducen a la multiplicación de la célula en descendientes en un ciclo de nacimiento, crecimiento, reproducción y muerte para mantener la especie a la que pertenece.

Dentro de este proceso, surgen de vez en cuando mutaciones genéticas en la replicación del ADN que después de muchas generaciones darán lugar a otras especies que sobrevivirán o no dependiendo de su adaptación al medio. Las que sobreviven forman especies nuevas y las que no se adaptan, se extinguen. Hay que hacer hincapié en que las especies nuevas surgen por mutación de su ADN en el momento de la replicación y no en la transmisión de caracteres adquiridos del medio en que se mueven. Esta teoría es la que expresó el naturalista francés Lamark en el siglo XVIII y que rebatió Darwin con su teoría de la evolución. Profundizaremos en ello en su momento.

Por tanto, ¿qué es la célula y de que está formada? Aquí tenemos un ejemplo de célula animal:

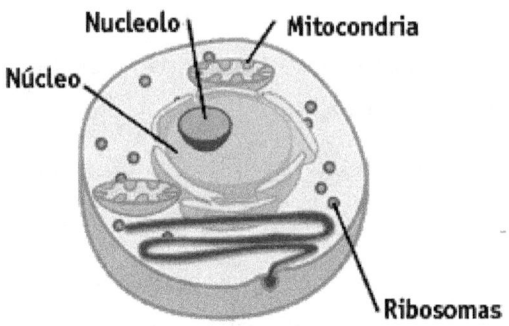

Las partes principales de una célula animal son el citoplasma y el núcleo que a su vez se compone de:

- Membrana citoplasmática: membrana de carácter lipídico que separa la célula del exterior.

- Citoplasma: región media de la célula entre el núcleo y la membrana citoplasmática que alberga los diferentes elementos funcionales de la célula a excepción del núcleo.

- Núcleo donde se almacenan los cromosomas.

- Mitocondrias: las centrales energéticas de la célula donde se realiza la respiración (combustión de nutrientes en presencia de oxígeno.

- Ribosomas: lugar de síntesis de las proteínas mediante la acción codificante del ARN mensajero.

- Retículo endoplásmico: es un complejo sistema de membranas celulares dispuestas en forma de sacos aplanados y túbulos que están interconectados entre sí compartiendo el mismo espacio interno.

- Vacuolas: compartimentos cerrados que contienen diferentes fluidos, agua, enzimas, etc.

- Aparato de Golgi: es un sistema de endomembranas que participa en la fabricación de algunas proteínas.

- Lisosomas: se encargan de la digestión celular. Hidrolizan y descomponen las proteínas que se ingieren del exterior y otras del interior.

La célula vegetal es funcionalmente similar a la célula animal excepto que llevan unas unidades llamadas cloroplastos dedicados a la función clorofílica, es decir, a producir hidratos de carbono a partir de la luz del sol, agua y dióxido de carbono. Los cloroplastos solo están presentes en las plantas y algas verdes.

La morfología es algo más diferente, con membranas citoplasmáticas y rígidas diseñadas para estar en un ambiente inmóvil y formar estructuras más compactas y resistentes.

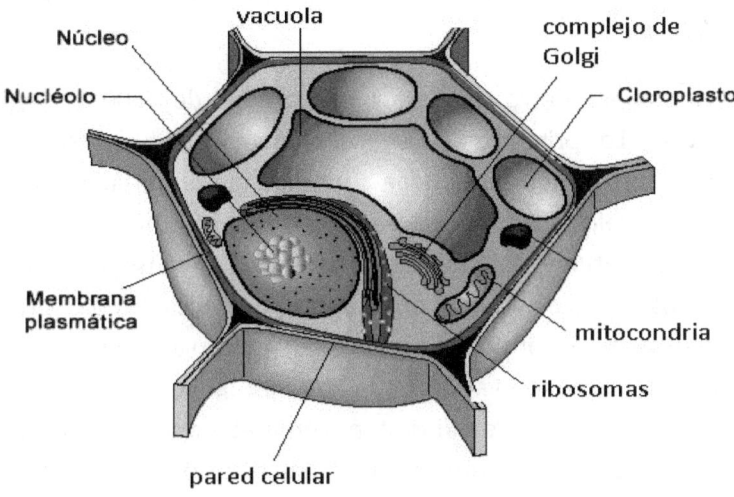

Esquema de una célula vegetal

¿Cómo se organiza la vida?

Como si de un juego de matrioskas rusas se tratara la vida se organiza de menor a mayor según la siguiente secuencia:

ÁTOMOS ⇨ MOLÉCULAS SIMPLES ⇨ CADENAS MOLECULARES

⇨ ESTRUCTURAS MOLECULARES ⇨ CÉLULAS ⇨ COMUNIDADES

DE CÉLULAS (ÓRGANOS) ⇨ SERES VIVOS

A medida que todas estas estructuras se van incorporando a una superior que las alberga se van formando los seres vivos. Se trata por tanto de un proceso de organización y aprendizaje.

Los aspectos centrales de la vida son dos tipos de cadenas moleculares: unas llevan información, el ADN, y otras hacen el trabajo, las proteínas, que son las máquinas del proceso. O lo que es lo mismo, en el proceso vital interactúan dos actores, el ADN y las proteínas.

Al planeta Tierra se le calcula una edad de 4600 millones de años (M.a.). Los primeros 800 M.a. el planeta es un lugar convulso en el que la corteza terrestre se va consolidando y enfriando, lleno de fenómenos volcánicos, bombardeos de meteoritos de gran tamaño y altas temperaturas debido a las radiactividad natural de algunos elementos químicos. Como consecuencia del vulcanismo al principio solo habría en la atmósfera gases de moléculas pequeñas como dióxido de carbono, vapor de agua, nitrógeno, pero no habría oxígeno. Probablemente habría también metano y amoniaco ya que estos gases están presentes en abundancia en otros planetas. Hace unos 3100 M.a. empezarían a evolucionar pequeñas moléculas sin vida como los aminoácidos pasando a formar pequeñas comunidades moleculares. Así transcurren esos 3100 M.a en los que las células individuales van formando atmósfera con oxígeno, aprenden a captar la energía solar y se desarrollan la locomoción y la reproducción.

De pronto hace unos 600 M.a. se produce una explosión de vida con la formación de los organismos pluricelulares que conducen a la generación de todas las familias tanto animales como vegetales y hongos que forman las tres ramas más importantes del árbol de la vida tal como lo esbozara Darwin. En la historia de la vida esos 600 M.a. representan solo la séptima parte de la historia de la Tierra, lo que equivale a algo menos de los dos últimos meses de un año terrestre. Esto da una idea de la complejidad del proceso evolutivo desde las primeras moléculas sencillas hasta la formación de seres vivos superiores.

La vida deriva de organización, sin ella no hay vida. Hemos visto que las proteínas se forman mediante el ensamblaje de aminoácidos. Pero este ensamblaje no es aleatorio sino que viene de un código previamente establecido que está inscrito en el ADN.

Si las cadenas de ADN estuvieran formadas por una sola base habría poca posibilidad de codificación. Sería una cadena con todos los eslabones iguales. En un código binario de 0 y 1 como el que usan los computadores las posibilidades aumentan de manera extraordinaria como lo demuestra la capacidad de almacenamiento y procesamiento de los ordenadores. La única limitación es la longitud de la cadena de dígitos que se pueda formar. Cuando acudimos al código genético el abecedario es de cuatro letras con lo que las posibilidades de combinación son aún más imponentes, casi ilimitadas. La única limitación es el tamaño del material cromosómico donde se aloja la información.

En el caso de la especie humana se han medido las bases existentes en nuestro genoma resultando 3200 millones que dan lugar a 32500 genes. En consecuencia como todas las actividades vitales son realizadas por las proteínas y estas no existirían sin la información acumulada en el ADN la vida es resultado de información.

Otro aspecto a destacar en la organización de la vida es que ella necesita de un interior y un exterior, esto es, exige una compartimentación. Los productos químicos de la vida deben estar en contacto y concentrados para que puedan reaccionar. El interior de la célula necesita unas condiciones de salinidad, temperatura y acidez diferentes del exterior.

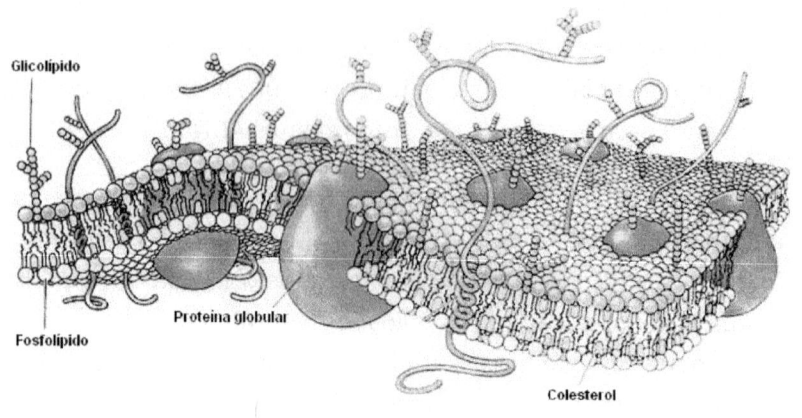

Glicolípido

Proteína globular

Fosfolípido

Colesterol

Imagen de la membrana celular animal

En la imagen superior se muestra un trozo de membrana celular formado básicamente por una doble capa de moléculas anfóteras, esto es, moléculas que tiene un extremo que repele el agua y otro extremo opuesto que sí reacciona con ella. Los extremos hidrófobos quedan mirando al interior y los hidrófilos hacia el exterior. Así se forma una membrana estanca en la que se incrustan diferentes sustancias para conectar el exterior con el interior con la función de intercambiar productos químicos entre el citoplasma y el medio ambiente externo de la célula. Entre esas sustancias hay proteínas de diferentes tipos como globulares, helicoidales, etc. Esta membrana forma una pequeña esfera que recoge en su interior todos los orgánulos de una célula animal.

La vida utiliza unos pocos temas para generar muchas variaciones. Con esto queremos decir que la vida se "engancha" a lo que funciona y así ahorra costes energéticos. Al mismo tiempo explora y modifica nuevas opciones. Esta incesante combinación de funciones conduce a una gran cantidad de seres únicos de características similares.

Esto es un concepto básico para la *evolución*. En el ejemplo de la figura inferior se ilustra lo que queremos decir.

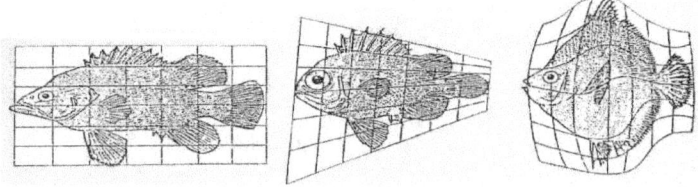

Si dibujamos un determinado pez sobre una plancha de goma, las deformaciones que podemos introducir mediante tracción originan peces de diferentes tamaños según la proporción de deformación introducida pero el esquema básico de la figura original es el mismo.

La vida transcurre en el agua y empezó en el agua. Las moléculas de agua representan un 70% en peso del total de nuestro organismo. El agua participa en toda clase de reacciones químicas. Las células deben su forma y rigidez a la insolubilidad en agua de sus membranas protectoras. Las propiedades del agua son consecuencia de la polaridad de su molécula, es decir de su estructura química: un átomo de oxígeno, con carga eléctrica muy negativa, y dos átomos de hidrógeno con carga eléctrica positiva

En el capítulo anterior vimos que la vida promueve la variedad reorganizando la información genética en el fenómeno conocido como meiosis. Esta es otra de las características más importantes de la vida transmitida por los seres pluricelulares.

Un aspecto importante de la operatividad de la actividad biológica es que la vida trabaja en ciclos. La producción de una sustancia química por un equipo de proteínas es un proceso cíclico en el que cada una de ellas hace una labor muy sencilla. Existe una proteína que inicia y controla el ciclo.

Cuando ella observa que ya hay una cantidad de sustancia preparada la emite al medio y ordena recibir nueva materia prima para iniciar el ciclo de nuevo.

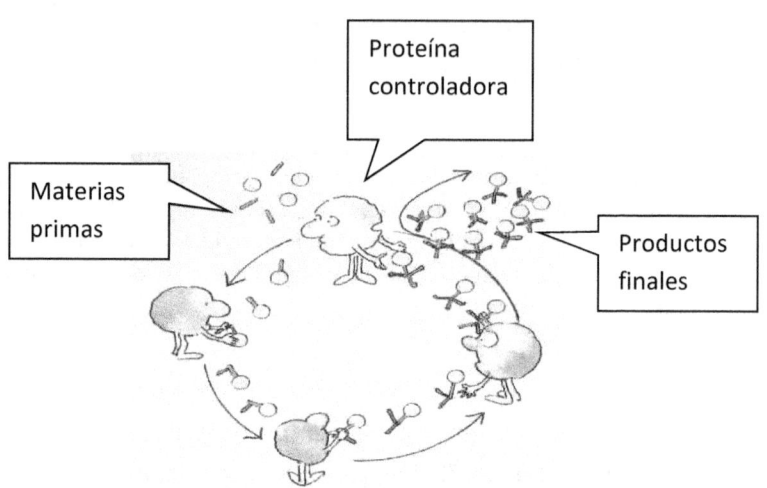

En la imagen superior se ilustra de manera simple este proceso. Vemos que la proteína controladora del ciclo procura abastecer a las otras proteínas de los componentes sencillos de la molécula a sintetizar. Luego cada una de las siguientes hace una determinada labor de ensamblaje que va completando la molécula. Cuando le llega el turno a la proteína inicial esta emite al exterior la sustancia química obtenida y se inicia el ciclo en función de las necesidades.

Por razones de eficiencia energética la vida recicla todo lo que utiliza. En el mundo viviente (los humanos somos una excepción) las entradas y salidas de los productos del metabolismo se equilibran: el desecho de un organismo es alimento o elementos de construcción para otros.

Por ejemplo las bacterias de los excrementos de las vacas van a parar al suelo, ahí sirven de alimento a las lombrices y a la yerba que vuelve otra vez a la vaca.

54

A niveles moleculares los átomos clave pasan de una molécula a otra en una sucesión de pequeños pasos. De esta manera el oxígeno, desechado por las plantas en la fotosíntesis se convierte en elemento indispensable para la respiración de los animales.

La vida se mantiene por renovación. Para sostener un sistema vivo en un estado de alta organización se necesita una continua destrucción y reconstrucción de sus partes. Todas las células se renuevan; tienen una vida más o menos larga, se mueren y son reemplazadas por otras nuevas. La renovación proporciona flexibilidad.

La vida tiende a optimizar antes que a maximizar. Optimizar significa mantener las proporciones correctas entre demasiado y poco. Así demasiada o muy poca azúcar en sangre puede ser letal. Todos necesitamos hierro y calcio pero demasiado es tóxico. A nivel molecular la vida funciona elaborando señales y sistemas de control para mantener los niveles óptimos. Ciertas proteínas tienen la habilidad de regular con precisión la concentración de las sustancias químicas esenciales. La maximización puede ser contemplada como una adicción.

Los humanos normalmente muestran conductas adictivas. Demasiado de algo bueno no es bueno. Existe sin embargo un valor que la vida tiende a maximizar: cada organismo tiene como su más elemental objetivo transferir su información genética a la siguiente generación. En ese sentido toda la optimización de funciones tiende a su última maximización: la supervivencia del ADN.

Otras características importantes de organización de la vida son el oportunismo, la cooperación, la competencia, la interconexión e interdependencia entre especies.

Como hemos podido comprobar la respuesta a la pregunta ¿Qué es la vida? no es sencilla y mucho menos única. Es la conjunción de distintas variables como las explicadas la que da la respuesta adecuada a esa pregunta.

5. LA VIDA Y EL SEGUNDO PRINCIPIO DE LA TERMODINÁMICA

La termodinámica es la ciencia que estudia el comportamiento del calor y su relación con otros tipos de energía. La relación de la termodinámica con la biología no se estableció hasta el siglo XIX mucho después del invento de la máquina de vapor y sus aplicaciones a la industria textil y al transporte de mercancías y personas. El calor o energía interna de un sistema se debe al movimiento de sus moléculas. En cualquier estado de la materia las moléculas que la componen están sometidas a movimiento de rotación, vibración y choques entre ellas. Su energía interna se deriva del estado de esos movimientos.

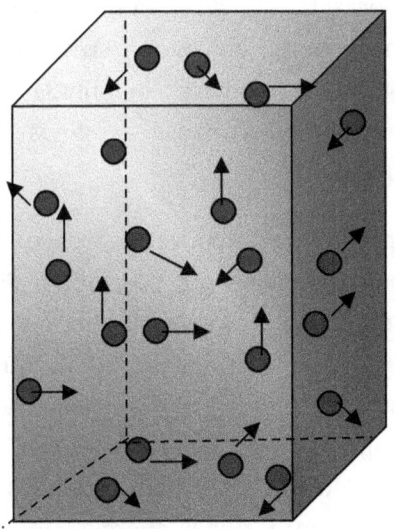

La energía interna es el resultado de los choques, entre sí o con las paredes del recipiente, entre las moléculas de una sustancia.

Solo existe un estado de contenido energético nulo y es en el cero absoluto de temperatura 0º Kelvin que equivale -273,15ºC, estado que la ciencia de la termodinámica dice que no se puede alcanzar, siendo por tanto la mínima temperatura teóricamente posible. En él las moléculas o átomos se encontrarían "inmóviles".

La conexión de la termodinámica con la biología surge de considerar a las células vivas como pequeñas máquinas de vapor. Todas las máquinas necesitan combustible para funcionar: carbón, gasolina, gasoil, etc. En el caso de las células, el combustible principal es la glucosa que se quema en las mitocondrias. La producción de energía asociada a los procesos biológicos va acompañada de un subproducto o "desecho" que es el calor.

La termodinámica nos enseña que no es posible convertir al 100% la energía calorífica en trabajo útil. Esto lo recoge el llamado Segundo Principio de la Termodinámica que puede expresarse de diferentes maneras. Una de ellas establece la imposibilidad de que se produzca el móvil perpetuo lo que significa que una máquina no puede funcionar de manera indefinida después de haberle proporcionado un impulso inicial a menos que ocurra un aporte regular de combustible

Cuando aplicamos este concepto al caso de una locomotora que circula por una vía movida por su caldera de vapor tenemos dos energías en juego. Una es la energía que mantiene a la locomotora circulando por la vía. Esta es energía útil porque sirve para algo, para mover cosas. Sin embargo la energía que se pierde en forma de calor es una energía inútil, no la puede aprovechar la máquina para nada. La energía útil decimos que está ordenada cuando produce un trabajo efectivo, mientras que la energía inútil está desordenada y su distribución es aleatoria porque depende del movimiento caótico de sus moléculas.

El segundo principio de la termodinámica establece que la tendencia de la naturaleza a pasar de formas de energía ordenadas a energías desordenadas es inevitable e irreversible. La segunda ley de la termodinámica se cumple siempre en la naturaleza incluso en los seres vivos aunque un primer acercamiento a su comportamiento parezca que la vida contradice a esta ley. Veremos que esto no es así enseguida. A la energía útil que es la fuente de combustible, los físicos la llaman *energía libre* o *energía de Gibbs*[19] en honor a su descubridor.

Entropía

Los físicos llaman *entropía*, a la pérdida de energía útil en un sistema que se corresponde de manera aproximada al grado de desorden presente en el mismo. Otra forma de definir la entropía es en función de la información contenida en un sistema. Podemos decir por tanto que la entropía es la cantidad de información que se desconoce de un sistema o bien al contrario, la información necesaria para describir completamente los microestados de un sistema. Ambas definiciones son equivalentes en el sentido de que a mayor caos o desorden disponemos de menor información y por tanto más información se necesita para describir completamente un sistema físico.

El contenido en información de una célula viva aumenta a costa de disminuir la información de su entorno, o lo que es lo mismo, la información fluye desde el ambiente hacia el interior del organismo.

---

[19] Gibbs (1839-1903) fue un físico estadounidense que contribuyó de manera fundamental al desarrollo de la ciencia de la Termodinámica.

El metabolismo y la reproducción transcurren mediante el flujo de información desde el entorno hacia el sistema biológico. Traducidos estos conceptos a la replicación del ADN podemos definir las mutaciones o errores en su duplicación como pérdida de información o incremento de entropía. Las mutaciones que tendrán éxito serán aquellas que mejor se adapten al ambiente, siendo el ambiente el que provee la información que finalmente acaba en el ADN.

Cuando observamos la lucha por la existencia en términos de disminución y flujo de información nos surge una curiosa cuestión. ¿Son las mutaciones buenas o malas? La respuesta es clara, las mutaciones son buenas y necesarias. Si no las hubiera, es decir, si la duplicación del ADN fuera perfecta, sin errores, la vida nunca se podría adaptar a las condiciones cambiantes del ambiente y por tanto la extinción sería inevitable.

Esta conclusión es el corazón de la teoría de la evolución de Darwin. No obstante, las mutaciones excesivas se perderían por dilución del código genético correcto. Por ello la naturaleza tiene que encontrar, y lo consigue, el equilibrio adecuado entre demasiadas mutaciones y muy pocas. Si el ambiente no pudiera restituir en el genoma por medio de la selección natural la misma información que se pierde en los errores de copia, estos llegarían a acumularse hasta un punto que haría imposible la replicación en sí y la reproducción cesaría. Esta situación de acumulación de errores fue llamada por Eigen[20] "error catastrófico".

---

[20] Manfred Eigen, Alemania 1927, es un físico y químico alemán Premio Nobel de Química en 1967 por sus investigación sobre la cinética de las reacciones químicas.

Eigen ha demostrado que cuanto mayor sea el número de genes que un organismo posee, menor deberá ser la tasa de error durante la replicación para evitar el error catastrófico.

Así se demuestra en la realidad. Las células humanas tienen una tasa de error de uno por mil millones de bases mientras que la tasa permitida para una bacteria es de uno por millón lo que significa que la bacteria puede tener mil veces más fallos de replicación de ADN que los humanos sin que se extinga su especie.

La entropía es un concepto físico que se aplica a todo sistema en el que existe materia y es una propiedad extensiva, es decir que depende de la cantidad de materia aunque no haya intercambio de calor. El calor es según todo los razonamientos anteriores energía de alta entropía. En términos de unidades físicas la entropía es la relación entre el calor tomado o cedido por un sistema y la temperatura a la que se produce el intercambio.

Veamos algunos ejemplos para comprender el significado de entropía. Si tomamos un mazo de naipes con las cartas ordenadas por palos y las barajamos al azar el sistema resultante tiene más entropía porque ha aumentado el desorden; a medida que sigamos barajando la entropía aumenta todavía más hasta que se alcanza el límite de las posibles combinaciones que los n naipes pueden configurarse. El proceso de barajado de los naipes es pues un proceso espontáneamente irreversible. Para restituirlo al estado original necesariamente se ha de efectuar un trabajo de organización aplicado por el medio externo.

Otro claro ejemplo es cuando un vaso de vidrio situado en una mesa cae al suelo y se rompe en multitud de pequeños fragmentos. El vaso en la mesa tiene la mínima entropía ya que todas sus partes están ordenadas en la configuración de vaso intacto.

Al caerse y romperse ha aumentado extraordinariamente el desorden de los fragmentos y por tanto la entropía. Evidentemente es imposible que el sistema vuelva al estado original de manera espontánea. Habría que hacer un extraordinario trabajo de reordenación ajeno al mismo.

El agua en estado sólido es donde menos entropía tiene porque al estar las moléculas confinadas en determinados espacios del cristal de hielo necesitamos disponer de menos datos, menos información, para describir la posición de las moléculas. Cuando el hielo se funde, las moléculas de agua adquieren más movilidad dentro del recipiente que ocupa, siendo necesaria más información para describir la posición de los elementos del sistema. Por tanto la entropía del agua en estado líquido es mayor que en el hielo. Por último cuando el agua se convierte en vapor sus moléculas disponen de mayor cantidad de movimiento pudiendo ocupar más lugares originado un desorden mayor de las posibles configuraciones y la mayor necesidad de información para su descripción. Este es un buen ejemplo para comprender las variaciones de entropía de un líquido al pasar de un estado físico a otro.

Una conclusión del segundo principio de termodinámica es que en un sistema cerrado (el sistema que puede intercambiar energía con el exterior pero no materia) la entropía nunca disminuye pero tampoco puede aumentar indefinidamente, siempre se alcanza un límite. A este límite se llama equilibrio termodinámico.

Existe una relación sencilla entre la energía libre o energía útil y la entropía.

Ésta se puede expresar en la siguiente ecuación:

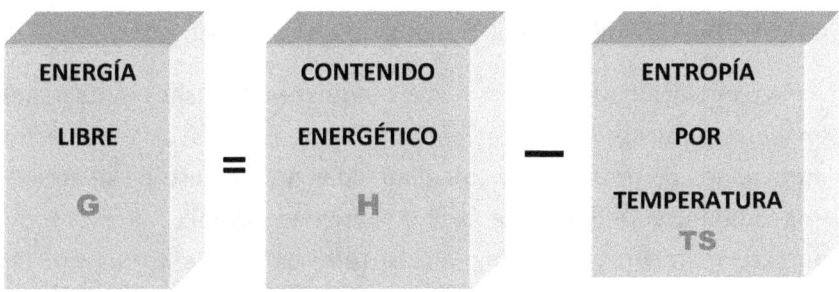

ENERGÍA LIBRE G	=	CONTENIDO ENERGÉTICO H	−	ENTROPÍA POR TEMPERATURA TS

siendo G la energía libre, H la energía interna debido a los movimientos de las moléculas, T la temperatura del sistema y S la entropía. La energía útil G, es por tanto el resultado de restar al contenido energético total el producto de la temperatura por la entropía. Por consiguiente a mayor temperatura o mayor entropía, la energía libre o útil como la hemos llamado, disminuye y el sistema pierde "potencial energético".

La ecuación anterior se podría explicar con un símil doméstico. La energía libre sería comparable a los ahorros mensuales que una familia podría disponer a fin de mes, o sea el dinero útil para invertir por ejemplo en unas vacaciones. El contenido energético seria el total de ingresos mensuales. El producto TS (entropía por temperatura) serían los gastos mensuales necesarios para la subsistencia. A medida que estos gastos son mayores el dinero libre útil (ahorros) se reduce hasta el punto de que podría ser cero si no hay suficiente control de gasto.

Como los procesos vitales crean orden a partir del desorden en un proceso no espontáneo, podría parecer que la aplicación estricta de la segunda ley de la termodinámica a la biología no es compatible con los procesos biológicos. Procesos así ocurren por ejemplo en la replicación del ADN, y la síntesis de las proteínas.

También la aparición de nuevas especies según la teoría de la evolución darwiniana conlleva un incremento de orden, aunque este incremento tiene un precio.

La evolución de especies nuevas requiere de muchas mutaciones en la replicación genética pero la inmensa mayoría de estas mutaciones no prosperan y son eliminadas del proceso de selección. Por cada mutante que tiene éxito y sobrevive hay miles de mutantes que desaparecen y se extinguen. La reducción de entropía por las nuevas especies es superada con creces por el aumento originado por las mutaciones no exitosas.

El resultado de este razonamiento es que los seres vivos cumplen con el segundo principio de la termodinámica siempre que el medio ambiente pueda asegurar el suministro de energía útil (o energía libre). Cuando esto sucede los sistemas biológicos son capaces de continuar reduciendo su entropía y aumentar el orden en su vecindad mientras que al mismo tiempo contribuyen al incremento de entropía del universo considerado en su conjunto.

Llegados a este punto hemos de decir que el hecho de que la vida cumpla con el segundo principio de termodinámica, no quiere decir que este principio por sí mismo explique completamente la vida. Hay que asegurar que la energía útil o energía libre sea accesible a los organismos para realizar sus reacciones químicas.

Todavía hemos de demostrar cómo el intercambio de entropía con el ambiente origina una clase de orden específico representado por los organismos biológicos ya que el hecho de especificar una fuente de energía útil no ofrece por sí mismo una explicación de cómo funciona el proceso de creación de orden. Para ello es necesario establecer el mecanismo exacto que conecta el stock de energía útil disponible a los principales procesos biológicos.

Pasar por alto esta parte de la historia sería como decir que el funcionamiento de un frigorífico queda explicado una vez que hemos encontrado un enchufe donde conectarlo.

El equilibrio es un estado estable de máxima entropía. Por el contrario, un estado de desequilibrio termodinámico es inestable; la tendencia de los procesos naturales es a maximizar la entropía. Sin embargo, en la práctica se encuentran muchas barreras que evitan que la segunda ley siga su curso.

Por ejemplo una mezcla de vapor de gasolina y aire no está a su máximo estado de entropía. Los dos gases desearían reaccionar para formar sustancias más estables y liberar calor, que aumenta la entropía.

Bajo condiciones normales, esta reacción está bloqueada, se ha alcanzado un equilibrio inestable porque una barrera química evita que lo haga espontáneamente. Se requiere una chispa eléctrica para disparar la reacción. A la energía necesaria para superar la barrera se la llama energía de activación. Los estados de frágil estabilidad se llaman metaestables.

El concepto de metaestabilidad es absolutamente crucial para el éxito de la vida. Los organismos vivos obtienen su energía útil de reacciones químicas, pero no pueden obtenerlo si los procesos inorgánicos han cortocircuitado el proceso y dilapidado antes la energía. Por eso la vida está siempre a la búsqueda de fuentes de energía metaestables para echar a andar.

Los organismos vivos encuentran la energía quemando material orgánico, como la glucosa. Algunos microbios extraen energía por caminos químicos que incluso a los químicos, permítaseme la redundancia, no se les habría ocurrido.

Para conseguir las fuentes de energía metaestables, los organismos vivos tienen que sobrepasar las barreras que bloquean la liberación inorgánica de energía. Las células lo hacen con estrategias inteligentes, tales como el uso de enzimas para catalizar reacciones que de otro modo procederían de una manera extremadamente lenta.

La energía de activación en este caso la proporcionan las enzimas.

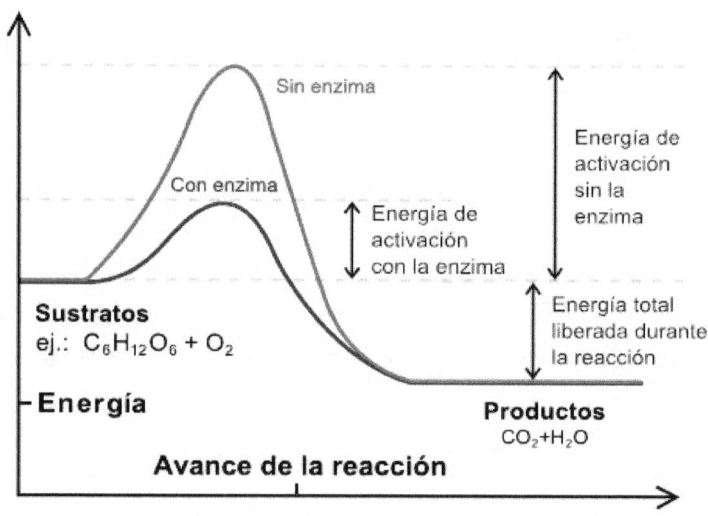

La imagen superior ilustra cómo actúa una enzima para aumentar la eficiencia de una reacción biológica. La reacción a catalizar es la combustión de glucosa con oxígeno, que serían los reactivos iniciales (sustratos) y lo productos finales el dióxido de carbono y agua. Vemos que por la vía "sin enzima" la energía útil que tendríamos que aportar es mayor que "con la enzima".

Otro de los mecanismos para activar las reacciones biológicas es desplegar moléculas energéticas (como el ATP) que hacen las veces de la chispa que produce la ignición de la gasolina. Como las reacciones químicas tienen lugar a muy diferentes velocidades bajo circunstancias diferentes, los organismos pueden controlar la liberación de energía, haciéndolo a pequeñas dosis cuando y donde se necesitan.

Este hecho hace de la química la base ideal para la biología, pero en principio, la vida podría funcionar usando cualquier fuente de energía metaestable. Los escritores de ciencia ficción han especulado sobre la vida basada en el plasma ionizado o procesos nucleares. Aunque esto es teóricamente posible, la variedad y versatilidad de las reacciones químicas hacen de la química la mejor apuesta.

6. EL ORIGEN DE LA VIDA

El presente capítulo no pretende descubrir ninguna nueva teoría acerca del origen de la vida, ni siquiera justificar como válida alguna de las que se exponen. El objetivo es acercar al lector el estado de las investigaciones en marcha o ya realizadas.

Explicar el origen de la vida se resume en definitiva en establecer en primer lugar el tránsito entre las moléculas inorgánicas sencillas llamadas prebióticas (hidrógeno, agua, metano, oxígeno y amoniaco) y la materia orgánica más complicada como los aminoácidos, las proteínas y los ácidos nucleicos que son los constituyentes esenciales de todas las células vivas. El segundo paso, no menos arduo, sería establecer cómo la materia orgánica que hemos llamado complicada, es capaz de autorreplicarse y metabolizar sustancias de su entorno para mantenerse vivas.

El tercero y último paso lo establece Darwin con su teoría sobre la evolución en su obra *El origen de las especies*. La teoría de la evolución esta hoy ampliamente aceptada por la comunidad científica y la mayoría de los teólogos modernos.

La acumulación de pruebas a favor de la teoría de la evolución es hoy abrumadora y continuamente siguen apareciendo fósiles y nuevos estudios que la avalan. Desde la segunda mitad del siglo XX, el desarrollo llevado a cabo por la bioquímica y la genética molecular no hace más que corroborar y explicar más detalladamente los misterios de la evolución.

Recientemente se han encontrado evidencias de vida en situaciones extremas dentro y fuera de nuestro planeta que nos indican posibles líneas de investigación.

Por un lado se han descubierto bacterias que viven en las fuentes termales de las profundidades del océano en condiciones de total ausencia de oxígeno libre, con características de las células de organismos superiores. Las condiciones de vida de estas células simularían las condiciones ambientales de nuestro planeta hace 3 o 4 eones[21]. También se ha sugerido que la vida podría haber comenzado fuera de nuestro planeta. Se han encontrado meteoritos marcianos en la Antártida con restos fósiles que sugieren la posibilidad de vida hace más de 3000 millones de años. Sea como haya sido el origen de la vida dentro o fuera de nuestro planeta lo que está pendiente de descubrir es el mecanismo que tuvo lugar.

La vida en la Tierra parece comenzar con los organismos más simples, las células procariotas, hace unos 3500 millones de años. Existen fósiles de esas épocas que lo demuestran. Quizá pudo surgir antes pero la intensa actividad geológica de la Tierra en esas etapas tan tempranas podría explicar que no existan fósiles.

Cuando nos planteamos el origen de la vida surge la cuestión de qué definimos como vida. En capítulos anteriores discutimos ampliamente los conceptos que entendemos como características de la vida. De entre sus diferentes cualidades parece que dos de las características más importantes para definir qué es un ser vivo, en definitiva una célula, son la necesidad de metabolizar sustancias y replicarse. Pero que es primero, ¿metabolizar o replicar? Ambas son necesarias. A esta pregunta se han ofrecido diferentes respuestas todas en principio válidas pero también discutibles.

---

[21] Un Eón es una unidad de medida de tiempo geológico equivalente a 1000 millones de años aproximadamente.

Cuando se considera el metabolismo como un conjunto de procesos químicos dirigidos por el aparato genético, la vida debió empezar por la existencia de los ácidos nucleicos.

Sin embargo si por metabolismo se considera únicamente un proceso de cambios químicos en las sustancias, entonces metabolismo se puede disociar de la replicación genética y se podría pensar que el metabolismo pudo haberse iniciado antes de la replicación.

Las respuestas a qué es la vida quedan incompletas sin una tercera cuestión que también es fundamental. Además del metabolismo y replicación existe otro mecanismo que resulta definitivo y es la homeostasis. Este término significa estado constante y aplicado a la célula se refiere a los mecanismos que mantienen uniformes a lo largo del tiempo sus condiciones químicas y físicas frente a un ambiente exterior cambiante. La homeostasis consigue que cada molécula o conjunto de moléculas se mantenga en equilibrio a lo largo del tiempo, es decir sin excesos ni defectos metabólicos. Sin homeostasis no puede existir un metabolismo ordenado. Y sin ese metabolismo ordenado no puede haber vida.

En 1948 el matemático John von Neumann[22] aplicando sus teorías de los autómatas mecánicos a las células vivas estableció la correlación conceptual entre el hardware y el software de los ordenadores, con el metabolismo y la replicación. Para él, el hardware serían las proteínas (componente esencial del metabolismo) y el software los ácidos nucleicos (que facilitan las instrucciones para que las proteínas trabajen).

---

[22] John Von Neumann (1903-1957) fue un matemático húngaro que dedicó sus estudios a las ciencias físicas, computacionales, económicas y estadística entre otras.

En consecuencia según von Neumann la vida son dos conceptos separables desde el punto de vista lógico: metabolismo y replicación.

Por tanto la vida pudo aparecer de dos maneras: de una sola vez estando presente las dos funciones o que comenzara dos veces, una con unos organismos capaces de metabolizar y otra con organismos capaces de replicarse sin metabolismo.

Freeman J. Dyson en su libro *Los orígenes de la vida* al hacer la crítica de la posibilidad del doble origen de la vida comenta:

> *El hecho más sorprendente que hemos aprendido de la vida tal como existe en la actualidad es la ubicuidad de la estructura dual, la división de todos los organismos en componentes de hardware y software, en proteínas y ácidos nucleicos. Considero la estructura dual como una prueba razonable del origen dual.... Resulta más fácil que dos acontecimientos poco probables se produzcan por separado a lo largo de un periodo extenso de tiempo, que imaginar dos acontecimientos poco posibles produciéndose de forma simultánea.*

La hipótesis del doble origen de la vida enlaza con las ideas de Margulis[23] para explicar el origen de las células actuales. Su teoría denominada endosimbiosis, considera que el parasitismo y la simbiosis son las fuerzas que impulsaron la evolución de las células.

En esencia su teoria viene a decir que las células eucariotas tal como las conocemos están constituidas por unas estructuras que se originaron fuera de ellas y descienden de seres vivos preexistentes que invadieron sus citoplasmas.

---

[23] Lynn Margulis (1938-2011) fue una bióloga estadounidenses, que enunció la teoría de la endosimbiosis.

A partir de ese momento los seres simbióticos evolucionaron y prosperaron en la célula eucariota actual.

Esto ha sido comprobado experimentalmente y en particular es conocido que los cloroplastos de las células vegetales y las mitocondrias de las células animales invadieron las células procariotas como si fueran bacterias infectantes. La prueba más sólida de esta teoría se basa en las comprobaciones sobre los árboles evolutivos genéticos del ARN ribosómico. Se ha comprobado que la evolución de dicho ARN es diferente en los orgánulos del citoplasma de las células eucariotas respecto al presente en sus núcleos.

Se estima que esta endosimbiosis se produjo hace entre 1 y 2 eones. En esta versión del doble origen, los ácidos nucleicos serían los parásitos invasores de las células primitivas constituidas solo por aparato metabólico, fundamentalmente enzimas. Las células primitivas podrían crecer y dividirse de una manera puramente estadística, es decir sin fiabilidad replicante, dado que aún les faltaba el material genético "invasor". La endosimbiosis no es un proceso que se pueda aplicar a la adquisición de genomas completos de organismos superiores como Margulis trató de defender.

Lo que sabemos con certeza sobre el origen de la vida son las evidencias que poseemos sobre lo que sucedió antes y después de su origen pero ninguna evidencia hay disponible del momento de transición. Antes del origen de la vida encontramos registros de la presencia de aminoácidos en rocas y en el espacio interestelar. Además disponemos de fósiles y restos orgánicos que iluminan la senda evolutiva del conjunto de las especies vivas. Pero de la transición de la química inerte a la biología organizada, nada, solo teorías y suposiciones.

Este es quizá el misterio más difícil de resolver por parte de la ciencia actual.

Nadie estuvo presente en el momento de la transición y desconocemos en absoluto las circunstancias ambientales reinantes en los puntos donde surgió la vida.

En el esquema siguiente se resumen los posibles pasos de la organización de la vida basada en la teoría de la las dos etapas:

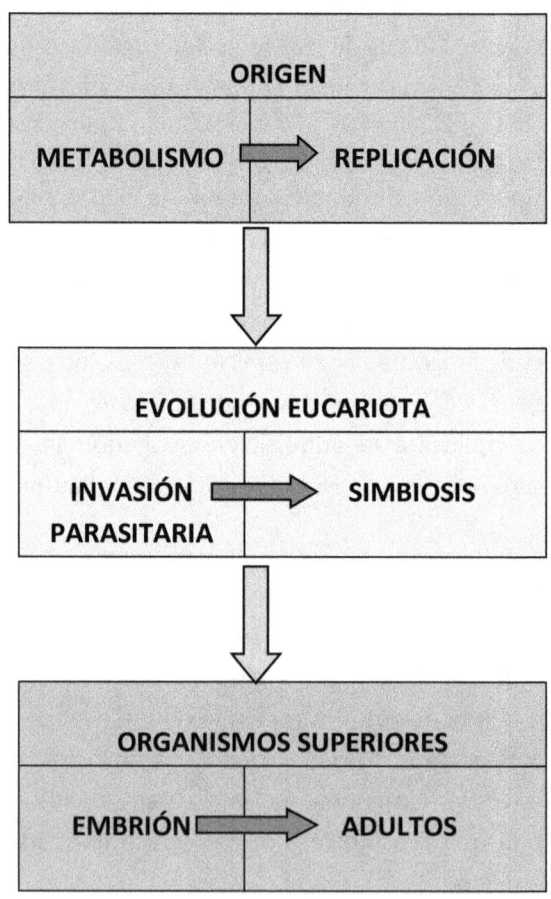

El primer paso, ORIGEN, se fundamentaría en que primero surge el metabolismo, intercambio de sustancias dentro de la protocélula con el exterior, dando origen a continuación al fenómeno de replicación.

La EVOLUCIÓN EUCARIOTA, implicaría la invasión parasitaria por parte de los ácidos nucleicos de la estructura de la primitiva célula procariota en un proceso de simbiosis originando la célula eucariota con núcleo diferenciado. Al final estaría el proceso, del paso del embrión al individuo adulto partiendo de una célula eucariota formada por la unión de los genomas de los gametos[24] que al cabo de determinado espacio de tiempo de desarrollo embrionario daría lugar a un organismo vivo adulto.

La vida probablemente se originó una sola vez. Esta aseveración la plantea M. Hoagland[25] en su libro *Las raíces de la vida* basada en evidencias científicas. La razón es que todos los organismos vivos utilizan los mismos materiales de construcción (mismos nucleótidos, mismos aminoácidos) y la misma maquinaria para construir las proteínas (ribosomas, ARN). Aunque solo fuera por razones del azar, si la vida se hubiera producido por segunda, tercera o enésima vez partiendo de cero, es muy probable que bien los materiales de construcción o la maquinaria hubieran sido diferentes.

---

[24] Los gametos son las células que llevan la información genética de los padres en los organismos que se reproducen de manera sexual. En los animales los gametos masculinos se llaman *espermatozoides* y los femeninos *óvulos*. Cada uno lleva una solo copia de la dotación de cromosomas de las células parentales. La unión de los gametos masculinos y femeninos dan lugar a un embrión.

[25] Mahlon B. Hoagland (1921-2009), bioquímico estadounidense que descubrió el mecanismo del ARN de transferencia.

Generación espontánea

La generación espontánea es la teoría sobre el origen de la vida más antigua conocida en la cultura occidental.

Fue enunciada por Aristóteles y se mantuvo en vigor durante 2000 años. En esencia venía a decir que los organismos inferiores (gusanos, moscas y otros insectos) se generaban espontáneamente desde el fango y organismos en putrefacción sin que existiera un progenitor; por el contrario los animales superiores, las plantas y el hombre habrían sido creados directamente por Dios.

Esta teoría provenía de la observación superficial de que los gusanos nacen en el fango y los insectos, como las moscas, de la descomposición de los cadáveres de animales o del propio ser humano. La teoría fue adoptada por el cristianismo y encajaba con la cosmología descrita en el Antiguo Testamento.

La primera persona que planteó que la vida provenía de un progenitor anterior (o sea de un espécimen de la misma especie biológica) fue el médico italiano Francesco Redi a mediados del siglo XVII.

Redi realizó experimentos que demostraban que las moscas nacían de larvas de otras moscas depositadas por ellas en la carne en putrefacción. La comunidad científica de la época no aceptó tal hipótesis y siguió anclada en el concepto aristotélico hasta que en el siglo XIX el químico Luis Pasteur demostró experimentalmente que los microorganismos se originaban de otros microorganismos preexistentes.

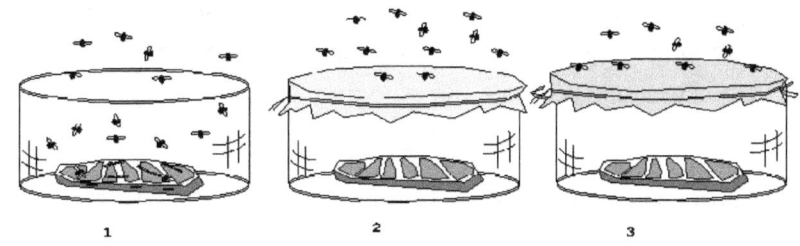

Experimento de Redi

El experimento de Redi consistió en colocar tres trozos de carne en tres frascos diferentes cada uno en un ambiente con presencia de moscas. El frasco 1 quedó abierto sin tapar, el frasco 2 lo tapó con un trozo de pergamino y el número 3 con un trozo de fieltro. Al cabo de varios días sólo en el frasco 1 aparecieron gusanos mientras que en los tapados no lo que indicaba que los gusanos provenían de las larvas depositadas por las moscas sobre la carne.

El experimento de Pasteur fue reformulado científicamente en un laboratorio más sofisticado que el de Redi dos siglos después. Pasteur llegó a la misma conclusión que Redi pero descartó también la posibilidad de que los microorganismos se pudieran generar de forma espontánea y demostró que provenían de otros microorganismos antecesores.

Pasteur y Darwin fueron contemporáneos y los experimentos de Pasteur fueron realizados unos años antes de la publicación del *Origen de las especies* de Darwin. Pasteur demostró que todos los seres vivos provienen de un antecesor de su misma especie y Darwin explicó el mecanismo de la evolución de los seres vivos a partir de un antecesor único del que derivarían todas las especies tanto vivas como extintas, mediante la selección natural.

Darwin imaginó también una especie de sopa primordial que habría generado la vida. Esta "sopa primordial" sería objeto de trabajos experimentales un siglo después.

Teoría de coacervados de Oparin

Esta teoría llamada del *caldo primordial* enunciada por primera vez por Oparin[26] en 1924 parte de la suposición de que en los océanos primitivos se formó de manera natural una "sopa" o caldo primordial compuesto por sustancias inorgánicas que contenían hidrocarburos y que por oxidación daban lugar a compuestos orgánicos básicos como punto de partida para la síntesis de moléculas más complejas. Cuando se ponen en contacto substancias orgánicas sencillas se evidencia la tendencia general a la síntesis de substancias cada vez más complejas y de peso molecular más elevado.

Así se explicaría que en las aguas tibias del océano primitivo de la Tierra se formaran substancias de elevado peso molecular parecidas a las que ahora encontramos en los animales y vegetales. Engels[27] observó que siempre que nos encontramos con la vida, la vemos ligada a algún cuerpo de carácter proteínico, y viceversa, siempre que nos encontramos con algún cuerpo proteínico que no está en descomposición, hallamos sin excepción fenómenos de vida.

---

[26] Aleksander Ivanovich Oparin (1894-1980) fue un biólogo y bioquímico soviético que realizo importante avances en el estudio del origen de la vida.

[27] Federico Engels (1820-1895), fue un filósofo alemán amigo y colaborador de Karl Marx. Juntos pusieron los cimientos del comunismo y del socialismo.

En la primavera de 1953, en un experimento realizado con este fin de una mezcla de metano, amoniaco, vapor de agua e hidrógeno, se obtuvieron varios aminoácidos en unas condiciones que reproducían en forma muy parecida a las que existieron en la atmósfera de la Tierra en sus comienzos.

Bresler[28] partiendo de una solución acuosa de aminoácidos efectuó la síntesis de polipéptidos bajo presiones de varios miles de atmósferas. Estos experimentos demuestran la posibilidad de sintetizar proteínas o substancias proteinoideas mediante el concurso de las altas presiones que pueden producirse fácilmente en condiciones naturales de la Tierra, tal como sucede en las grandes profundidades de los océanos.

Así es como en las fases de desarrollo de nuestros planeta en las aguas de su océano primitivo, debieron constituirse numerosos compuestos proteinoideos y otras substancias orgánicas complejas, seguramente parecidos a las que en la actualidad integran los seres vivos.

Las partículas de los cuerpos de elevado peso molecular dan soluciones coloidales que se reconocen por su relativa inestabilidad. Bajo la influencia de diversos factores, estas partículas tiende a combinase entre ellas y a formar verdaderos enjambres, a los que se les denomina agregados o complejos. Sin embargo sucede a menudo que este proceso de unión de partículas tiene tanta intensidad que la substancia coloidal se separa de la solución dejando un sedimento. Este proceso se llama coagulación.

---

[28] Bresler fue un químico soviético contemporáneo de Oparin al que éste se refiere en los experimentos sobre la síntesis de polipéptidos.

En un principio las substancias proteínicas se hallarían simplemente disueltas pero más tarde sus partículas comenzaron a agruparse entre sí, formando verdaderos enjambres moleculares y por último se separaron de la solución a manera de pequeñas gotas – *los coacervados*- que flotaban en el agua. Esta agregación de sustancia orgánica se puede observar también cuando sobre el agua se vierte una grasa o aceite y se agita.

Al principio se forman multitud de gotas que se van juntando en partículas cada vez de mayor tamaño hasta formar agregados que se unen rompiendo las membranas que los separa mediante disminución de la tensión superficial de la gota. Los coacervados de Oparin habrían absorbido de la solución acuosa circundante diferentes substancias orgánicas y a costa de ellas habrían aumentado de tamaño y de peso, es decir, crecían. Ahora bien no todos los coacervados crecían por igual, sino que unos lograban su crecimiento más rápidamente y otros más lentamente.

La estructura interna de las gotas en rápido desarrollo era cada vez más compleja y estaba mejor conformada para la alimentación y el crecimiento. La estructura de los coacervados se fue modificando y perfeccionando en el transcurso de muchos millones de años. Las gotas de estructura más sencilla morían; las de estructura más perfecta crecían y se reproducían por división. A fin de cuentas, habrían dado origen a los seres vivos más sencillos. De la misma manera cuando mezclamos diferentes proteínas, se forma algo así como un amontonamiento de moléculas en determinados lugares de mezcla. Es por eso que a las gotas que aquí se forman se los dio el nombre de coacervados (del latín *acervus*, montón).

Los coacervados tienen la propiedad de que sus gotas, a pesar de ser líquidas y estar impregnadas de agua, jamás se mezclan con la solución acuosa que las circunda.

Los coacervados presentan determinada forma rudimentaria de organización de la materia, aunque esta organización es todavía muy primitiva y totalmente inestable. A pesar de esto, dicha organización permite precisar numerosa propiedades de los coacervados. En estos destaca sobre todo su capacidad de absorber diferentes substancias que se hallan en la solución. Se puede demostrar de forma muy fácil esta propiedad añadiendo diferentes tintes a la solución.

Las partículas absorbidas por los coacervados reaccionan químicamente con las mismas sustancias del coacervado y a causa de esto sus gotas a veces aumentan de volumen y crecen a expensas de las substancias absorbidas por él del líquido circundante.

Las moléculas de los cuerpos proteinoideos, a semejanza de las proteínas actuales, poseían en su superficie varias cadenas laterales dotadas de diferente función química y por tanto a medida que iban creciendo y haciéndose más complejas las proteínas primitivas debieron aparecer ineludiblemente nuevas relaciones entre las diversas moléculas. En efecto, ninguna molécula podía existir aislada de las demás, debido a lo cual fue forzoso que se estructuraran en verdaderos enjambres o montones de moléculas.

De aquí apareció, sin duda, como necesidad imperiosa la concentración de la sustancia orgánica en determinados puntos del espacio. Por lo tanto es posible asegurar que tan pronto como en la primitiva hidrosfera terrestre se formaron diversos cuerpos proteinoideos de peso molecular más o menos elevados, inmediatamente debieron surgir también los coacervados.

Los datos obtenidos mediante el estudio de los fondos abisales fangosos, señalan que en esas condiciones las substancias orgánicas disueltas crean sedimentos gelatinosos.

El elemento más importante de la organización del protoplasma no es la distribución de sus partes en el espacio (como sucede en una máquina), sino un determinado orden de los procesos químicos en el tiempo, su combinación armónica tendente a conservar el sistema vital en su conjunto.

Todo organismo, ya sea animal, planta o microbio, vive solamente mientras están pasando por él en torrente continuo nuevas partículas de substancias impregnadas de energía.

Lo que diferencia de forma específica al protoplasma es que en él estas reacciones están organizadas en el tiempo combinándose para formar un sistema único e integral. Está claro que estas reacciones no brotan al azar, caóticamente, sino que se producen en una sucesión rigurosa, en determinado orden armónico.

Para que se constituya un cuerpo químico complejo, propio de un determinado ser vivo, es necesario que muchas decenas, centenares e incluso miles de reacciones se produzcan en un orden regular rigurosamente previsto, base de la existencia del protoplasma. Las moléculas proteínicas y poseedoras de determinada estructura se agrupan entre sí, impulsadas por ciertas leyes, para formar enjambres moleculares más o menos importantes o verdaderos agregados moleculares que acaben por separarse de la masa protoplasmática y se destacan como elementos morfológicos visibles al microscopio, como formas protoplasmáticas dotadas de gran movilidad.

Como ya es sabido, la gran velocidad de las reacciones químicas que se producen en el protoplasma se debe a que en él siempre se encuentran unos catalizadores biológicos especiales llamados enzimas o fermentos. Todos ellos resultan ser proteínas, combinadas a veces con otras substancias de naturaleza no proteica.

Las enzimas (proteínas de alta especificidad) pueden catalizar una sola reacción, y solo el conjunto de las acciones de todas ellas combinadas de un modo muy preciso, permitirá ese orden regular de los fenómenos que constituye la base del metabolismo.

Los centenares de miles de reacciones químicas que se efectúan en el protoplasma vivo, no solamente están rigurosamente coordinados con el tiempo, ni solo se combinan armónicamente en un orden único, sino que todo este orden tiende a un mismo fin: a la autorrenovación, a la conservación de todos los sistemas vivos en su conjunto, en consonancia con condiciones del medio ambiente.

En la individualización de las gotas de coacervados en relación con el medio externo —en la formación de sistemas coloidales de tipo individual- se encontraba implícita la garantía de su propio desarrollo. Las substancias del medio eran absorbidas por el coacervado, después de lo cual empezaban a realizarse reacciones químicas entre esas substancias y las del propio coacervado. Por consiguiente el coacervado iba creciendo. Junto a estos procesos de síntesis, en la gota se producían también procesos de descomposición y de desintegración de la sustancia.

Las gotas en las que la síntesis predominó sobre la desintegración, no solo debieron conservarse, sino que aumentaron de volumen y de peso, es decir, crecieron. Así fue como se produjo el aumento gradual de proporciones de aquellas gotas que tenían justamente la organización más perfecta para las condiciones de existencia dadas.

Al mismo tiempo que aumentaba la cantidad de sustancia organizada, a la vez que crecían las gotas coacerváticas en la superficie de la Tierra, se alteraba también constantemente la calidad de su propia organización.

Estas modificaciones se producían en determinado sentido, justamente en el que llevaba a un orden de los procesos químicos que debían asegurar la autoconservación y la autorrenovación constante de todo el sistema en su conjunto.

Se comprende muy bien que estos coacervados dinámicamente estables poseían, gracias a su capacidad recién lograda de transformar más rápidamente las sustancias, grandes ventajas sobre los otros coacervados que flotaban en la misma solución de cuerpos orgánicos.

Esta capacidad les permitía asimilar en forma más rápida esos cuerpos orgánicos, crecer con mayor rapidez y por eso, en el conjunto general de los coacervados, su significación y la de su descendencia se hacía cada vez mayor.

A raíz de ese proceso evolutivo, los catalizadores inorgánicos, los más simples, que en la solución de sustancias orgánicas primitivas aceleraban en bloque grupos enteros de reacciones análogas, al llegar a nuestras formas coloidales habrían sido reemplazadas poco a poco por enzimas complejas pero al mismo tiempo más perfectas, dotadas de una gran actividad y especificidad mediante el cual solo ejercían su acción sobre determinadas reacciones. Se comprende fácilmente las enormes ventajas que traía la aparición de tales combinaciones químicas para la organización general de los procesos que tenían lugar en esas formas coloidales.

Así nuestros sistemas coloidales llegaron a poseer una estabilidad dinámica relativamente permanente solo cuando los procesos de síntesis producidos en ellos se coordinaron entre sí, cuando en estos procesos se logró cierta repetición regular, cierto ritmo. De este modo surgió ese fenómeno que hoy denominamos: "capacidad de regeneración del protoplasma".

La disposición arbitraria de los residuos de aminoácidos propia de las sustancias albuminoideas primitivas, fue paulatinamente dando paso a una estructura más precisa de la micela albuminoidea.

El estudio de la organización de las formas vivas más sencillas que existen en la actualidad nos permite seguir el proceso de complicación y perfeccionamiento gradual de la organización de las estructuras descritas más arriba. Por último, ese proceso condujo a la aparición de una forma cualitativamente nueva de existencia de la materia.

La estructura de esos sencillísimos organismos primitivos ya era mucho más perfecta que la de los coacervados pero no obstante, era incomparablemente más simple que la de los seres vivos más sencillos de nuestros días. Aquellos organismos no poseían aun estructura celular, la cual surgió en una etapa muy posterior del desarrollo de la vida.

Una vez que empezó a escasear la materia orgánica, a los organismos primitivos no les quedaba otra alternativa que sucumbir o desarrollar la propiedad de formar sustancias orgánicas a base de materiales proporcionados por la naturaleza inorgánica, dióxido de carbono y el agua.

Algunos seres lo lograron. En el proceso gradual de la evolución consiguieron desarrollar la facilidad de absorber energía de los rayos solares, de descomponer el dióxido de carbono con ayuda de esa energía y aprovechar el carbono así logrado para formar en su cuerpo sustancias orgánicas. De este modo aparecieron las plantas más sencillas, las algas cianofíceas, cuyos restos puede encontrarse en sedimentos muy antiguos de la corteza terrestre.

Los experimentos realizados por Oparin, demuestran que la separación en suspensiones de coacervados o microesferas es un comportamiento común de los polímeros en solución, que no todos estos microsistemas presentan la misma estabilidad y que sus probabilidades de supervivencia se ven aumentadas si poseen en su interior la capacidad para llevar a cabo reacciones sencillas que aumenten su contenido o refuercen la barrera entre ellos y el exterior.

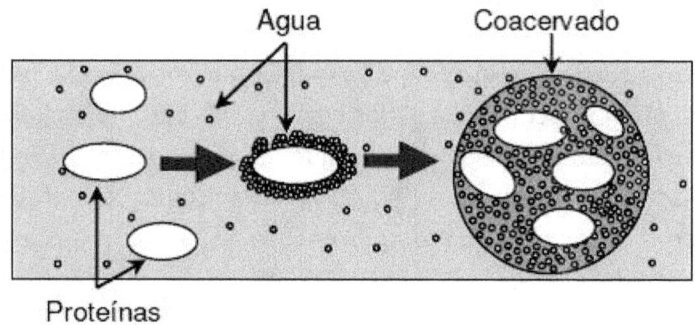

Mecanismo de formación de un coacervado

La teoría de Oparin tuvo mucho éxito en la primera mitad del siglo XX y animó a numerosos químicos y biólogos a tratar de corroborarla mediante experimentos de laboratorio. Entre ellos destacan el premio Nobel de Química de 1934 Harold Urey y su ayudante Stanley Miller. En breve hablaremos de estos experimentos. Debemos señalar que aunque la teoría de Oparin significó un gran avance, los experimentos posteriores no han podido establecer la conexión entre los compuestos formados en la sopa primordial y las proteínas y ácidos nucleicos.

A esta teoría se adhirieron autores modernos como el biólogo neodarwinista Richard Dawkins[29] en su libro *El gen egoísta,* pero añadiendo el concepto de estabilidad a los procesos de la vida.

Dawkins establece una...

> *Ley más general de la supervivencia de lo estable. El universo está poblado por cosas estables. Una cosa estable es una colección de átomos bastante permanente o común para merecer un nombre.*

En cuanto al concepto de la vida y su evolución aplica la teoría darwinista pero haciendo hincapié en la estabilidad:

> *La forma primaria de selección natural fue simplemente, una selección de formas estables y un rechazo de las inestables. No existe misterio alguno sobre esto. Tuvo que suceder así por definición.*
>
> *No sirve tomar un número adecuado de átomos, someterlos a una energía externa y agitarlos, hasta que por casualidad, formen el modelo correcto y resulte Adán. ....*
>
> *La teoría de Darwin interviene desde el momento en que la lenta construcción de las moléculas ha cesado.*

Dawkins está tratando de unir una hipótesis sobre el origen de la vida con las ideas evolucionistas de la selección natural empezando ésta a partir de que las moléculas formadoras de la vida se han estabilizado y pueden ya ejercer una actividad replicadora y metabólica.

---

[29] Véase su libro *El gen egoísta*, capitulo II, Los replicadores.

Los experimentos de Miller

Como acabamos de señalar la teoría del caldo primordial enunciada por Oparin llevó al químico norteamericano Miller a intentar por primera vez en 1953, hacer reaccionar una mezcla de gases que se supone formaban la atmósfera primordial bajo las condiciones ambientales que se sospechaba podrían haber formado el ambiente primigenio de la litosfera del planeta Tierra.

El experimento, repetido con posterioridad en numerosas ocasiones, consistió básicamente en hacer reaccionar una mezcla formada por los gases metano, hidrógeno, amoniaco y vapor de agua en presencia de descargas eléctricas. A la atmósfera formada por esos gases se llama atmósfera reductora debido a la ausencia de oxígeno molecular.

Después de varios días de reacción en las condiciones indicadas, se analizaron los compuestos resultantes de las reacciones encontrándose diferentes aminoácidos entre ellos glicina y alanina, y en menor medida ácido glutámico y ácido aspártico. Estos cuatro aminoácidos forman parte de las proteínas.

Si a la mezcla de gases anterior se añadía sulfuro de hidrógeno (un gas presente en las erupciones volcánicas) se obtenían también cisteína y metionina otros aminoácidos básicos para la formación de proteínas. Se comprobó también que el experimento funcionaba sustituyendo el amoniaco por nitrógeno molecular y monóxido de carbono. Pero si en el experimento se introduce oxígeno molecular o dióxido de azufre (atmosfera oxidante) no se obtienen aminoácidos.

A pesar de la obtención de aminoácidos y otras moléculas biológicas, esto no significa que se hubiera sintetizado vida en el laboratorio.

Todavía quedaban muchos problemas pendientes de abordar como eran la síntesis de los azúcares fundamentales para la formación de los ácidos nucleicos y resolver el misterio de la isomería óptica de los aminoácidos que forman las proteínas y ácidos nucleicos.

En química se dice que una molécula presenta isomería con otra cuando los átomos de la molécula pueden adoptar diferentes formas geométricas en el espacio sin alterar las cantidades de cada uno de ellos. Un ejemplo muy sencillo de isómeros serían las moléculas de dos alcoholes: n-propanol e isopropanol:

$$CH_3-CH_2-CH_2-OH \quad \text{n-propanol}$$

$$CH_3-CH_2-CH_3 \quad \text{isopropanol}$$
$$OH$$

En estos dos compuestos químicos el grupo **–OH,** que los define como alcoholes, está situado en distintas posiciones. En el n-propanol el grupo -OH se sitúa en un extremo de la molécula mientras que en el isopropanol lo hace en el centro. Bien, pues esta distinta disposición confiera a la molécula propiedades diferentes a pesar de que la constitución química en peso de los átomos que la forman sea la misma en ambas.

Esta digresión química ha sido traída a colación para comprender lo que es un isómero y para explicar otro tipo de isomería que se presenta en la química orgánica.

Esta es la isomería óptica que consiste en que si a través de una disolución de una sustancia se hace pasar un rayo de luz polarizada[30], hay sustancias que desvían el rayo de la luz a la derecha (sustancias dextrógiras) y otras que lo hacen hacia la izquierda (sustancias levógiras).

La desviación de la luz polarizada hacia la izquierda o derecha depende de la posición espacial de los átomos en la molécula. Pues bien, se da la extraña circunstancia de que las moléculas químicas que dan lugar a la vida, o sea las proteínas, son exclusivamente levógiras mientas que los azúcares que forman los ácidos nucleicos presentan isomería dextrógira. Esto es muy importante en relación con los experimentos de Miller y similares porque en ellos se obtienen mezclas de las dos formas isoméricas (dextrógira y levógira) cuando la naturaleza solo admite un tipo de isómero óptico. Esta uniformidad de isomería óptica sigue constituyendo uno de los misterios más difíciles de entender de las moléculas biológicas y aún no se ha hallado una respuesta convincente aunque sí algunos tímidos avances en su comprensión.

Los experimentos de Miller mostraron que con una mezcla caliente de gases inorgánicos en un ambiente sin oxígeno es posible obtener aminoácidos que son los constituyentes estructurales de las proteínas. Quizá sería cuestión de tiempo obtener esas proteínas a partir de los aminoácidos obtenidos. El químico español Juan Oró (1923-2004) trabajó en la misma línea que Miller siendo capaz de sintetizar dos de las bases nitrogenadas que forman el ADN, guanina y adenina a partir de cianuro amónico.

---

[30] Se dice que la luz está polarizada cuando vibra en un solo plano a diferencia de la no polarizada que lo hace en muchos planos. Un rayo de luz normal es luz no polarizada.

Una vez más los experimentos de Oró necesitaban una atmosfera en la que el oxígeno no estuviera presente, esto es, atmósfera reductora.

Para la obtención de un nucleótido se necesitan además de las bases nitrogenadas, la ribosa (un azúcar) y el ion fosfato. El azúcar se puede sintetizar a partir de formaldehído presente en la atmósfera pero desgraciadamente la concentración en la naturaleza es muy baja y para que la reacción prospere el formaldehído debe encontrarse en concentraciones elevadas. El fosfato está presente en muchas rocas y disuelto en agua por lo que no hace falta sintetizarlo.

De los experimentos anteriores surge la posibilidad, pero bastante improbable, de que cada una de las tres partes del nucleótido se hubiera encontrado en un ambiente prebiótico. Sin embargo las dificultades son enormes cuando se pretenden unir cada una de las partes del nucleótido en una configuración geométrica adecuada para formar moléculas con vida.

La posibilidad de la realización de las reacciones explicadas se ha basado en suponer que la atmósfera primigenia era reductora. A esta conclusión se había llegado solo mediante pruebas astronómicas que se basaban en el estudio de las nubes interestelares de nuestra galaxia. Esto pudo ocurrir en los primeros estadios de la formación del planeta.

Hoy en día la geología ha demostrado por el estudio de los minerales de las rocas más antiguas que la atmósfera reductora no pudo existir durante más allá de los primeros 700.000 años de vida de la Tierra ya que se ha comprobado la existencia de rocas que contienen oxígeno en forma de óxidos o carbonatos con antigüedad de 3800 millones de años. Estas rocas no se pudieron formar en atmósfera reductora.

Por tanto los experimentos de Miller y Oró solo demuestran la viabilidad de que en una atmosfera reductora podrían haberse originado las moléculas precursoras de la vida, pero nada más. No obstante se han encontrado lugares en el planeta donde se pueden haber dado esas condiciones y estos lugares están en el océano, en agujeros oscuros, calientes y profundos en el fondo del mismo.

Freeman Dyson en su libro *Los orígenes de la vida* explica cuatro descubrimientos que podrían apoyar esta teoría. La primera es la existencia de bacterias en las fumarolas de agua caliente que brota del manto terrestre a través del fondo marino por el que surge sulfuro de hidrógeno que es un medio reductor. Se ha comprobado en el laboratorio que en esas condiciones se pueden formar burbujas gelatinosas cuando se hace pasar sulfuros calientes a través de agua fría. Estas burbujas se rodean de membranas gelatinosas dentro de las cuales se producen reacciones catalizadas. Además las bacterias termófilas (las que se desarrollan en aguas muy calientes) son extremadamente antiguas.

Esta es una posibilidad más acerca del origen de la vida y de ser cierta podría implicar que la vida pudo surgir en cualquier otro punto del universo en que se dieran las condiciones que se producen en las dorsales oceánicas sin necesidad de que hubiese un contacto con una atmósfera neutra o reductora. Dentro del sistema solar existen planetas y satélites que en su interior pueden albergar condiciones para mantener vida en las mismas condiciones que en las dorsales oceánicas.

Estas hipótesis, basadas en experimentos de laboratorio, fueron aceptadas hasta mediados del siglo XX porque no había otras mejores que fueran una alternativa a las teorías creacionistas.

Panspermia

La teoría basada en el origen de la vida en otros planetas o cuerpos celestes se conoce como panspermia. Según esta teoría las formas primitivas de vida o las moléculas promotoras de ella alcanzaron la Tierra en meteoritos. En cualquier caso la panspermia no es una nueva teoría del origen de la vida propiamente dicha porque traslada el problema del paso de las moléculas prebióticas a biológicas a otro planeta u objeto celeste.

Según la teoría de la panspermia, la vida podría haber llegado a la Tierra en pequeños granos de polvo incorporados en trozos de meteoritos y cometas. Los experimentos de Miller, Urey y Oró demostraron que la vida prebiótica se asentaba en un pequeño número de moléculas precursoras siendo las más importante el ácido cianhídrico, el amoniaco, el formaldehído y el agua.

La radioastronomía ha demostrado que en las nubes moleculares del espacio interestelar existen moléculas orgánicas considerablemente complejas. Según los últimos datos se han identificado unas 110 moléculas algunas con más de 10 átomos de carbono con lo que podemos decir que las moléculas fundamentales en la síntesis prebiótica están presentes en el espacio interestelar de nuestra galaxia.

Los aminoácidos precursores de las proteínas, no se han encontrado todavía pero esta materia se podría haber condensado en los granos de polvo interestelar debido a las bajas temperaturas existentes junto con cantidades de agua, amoniaco y metano en forma sólida.

La nube molecular en la que se formó el sistema solar contenía granos de polvo ricos en materia orgánica que habrían llegado a la Tierra bien solos o incrustados en meteoritos[31].

Se han encontrado más de 70 aminoácidos la mayoría del tipo no-biológico, en meteoritos caídos en Australia. Estos aminoácidos tienen una gran similitud a los aminoácidos obtenidos en los experimentos de Miller-Urey. Esto no quiere decir que el origen de los aminoácidos del polvo interestelar esté completamente aclarado pero lo que sí parece fuera de dudas es que la química interestelar se parecería mucho a la de los experimentos de los autores antes citados.

El descubrimiento de depósitos de aminoácidos de origen interestelar no biológicos, no es algo excepcional. Existen registros que los sitúan incluso en épocas en las que la vida ya estaba sólidamente establecida en la Tierra, como en la época de la extinción de los dinosaurios hace 65 millones de años.

Relacionada de alguna manera con la panspermia es la teoría de la inevitabilidad química. Esta teoría enunciada por Stephen J. Gould[32] viene a decir que desde el mismo momento de la formación del planeta Tierra en las condiciones adecuadas de inicio, los procesos químicos originales condujeron de forma inexorable a la vida.

---

[31] Jesús Martín Pintado (CSIC) estima que sobre la Tierra primitiva podrían haberse depositado 10.000 toneladas anuales de polvo interestelar con material prebiótico que se habrá incorporado en la "sopa" prebiótica.

[32] Stephen Jay Gould (1941- 2002) fue un célebre paleontólogo y biólogo evolucionista estadounidense así como historiador de la ciencia.

Esto no debe inducirnos a pensar que pueda ocurrir en cualquier planeta extrasolar sino que dadas las condiciones especiales que se dieron en el origen del planeta Tierra, la evolución química pudo conducir a la vida. La base conceptual de Gould parte de la hipótesis de que entre los 4.600 millones de años (edad estimada del planeta) y unos 4.000 millones de años la superficie del planeta estaba licuada por el calor generado en la descomposición de los isótopos[33] radiactivos y el bombardeo de escombros del sistema solar. Por tanto hasta que no se enfrió la corteza terrestre no podrían formarse las primeras rocas fósiles.

La Geología nos dice que las rocas más antiguas datan de hace unos 3.800 millones de años pero esas rocas estarían aún a temperaturas muy altas para soportar moléculas orgánicas. Las primeras condiciones para ello se debieron dar hace unos 3.500 millones de años y restos de dichas rocas se localizan en Australia y Sudáfrica donde se han encontrado fósiles de bacterias semejantes a las actuales. Es decir, la vida apareció en cuanto se dieron las circunstancias químicas y no por un lapso enorme de tiempo en el que habrían actuado solo acontecimientos muy improbables.

Gould apoya su razonamiento diciendo que:

Indicios y sospechas no constituyen pruebas, pero ignoro qué mensaje puede extraerse de esta secuencia temporal si no es el de que la vida que apareció apenas pudo hacerlo, no fue el resultado incierto de una acumulación de improbabilidades, sino que estaba químicamente destinada a surgir.

---

[33] Se llama isótopo de un átomo a otro átomo que tiene el mismo número de protones pero distinto número de neutrones. Esto conduce a que los isótopos tengan el mismo número atómico pero distinto peso atómico.

El mundo del ARN

En opinión de muchos científicos el origen de la vida se situaría en la formación de la primera molécula con capacidad replicadora que sería un ancestro del ADN, pero ésta molécula es demasiado complicada para que se haya podido sintetizar ella sola. Además para su replicación y síntesis son necesarias la presencia de proteínas con función catalizadora. Sin embargo la molécula de ARN es mucho más sencilla, consta de menos nucleótidos y no tiene forma de doble hélice. El hecho de la mayor sencillez molecular del ARN la convierte en candidata a haber sido la posible precursora del ADN.

A comienzos de los años ochenta del siglo XX se descubrió la existencia de moléculas de ARN que actúan como enzimas llamadas ribocimas[34]. Como consecuencia de este descubrimiento el bioquímico Walter Gilbert[35] enunció en 1986 la teoría de que en los orígenes de la Tierra habría existido una era que él llamó mundo del ARN, en la que habría moléculas capaces de actuar como portadores de la información genética (lo que hace el ADN) y como traductoras del mensaje genético que codifica las proteínas (función pura de ARN).

Los experimentos de Eigen y Orgel, demostraron que bajo determinadas condiciones es posible sintetizar moléculas de ARN capaces de replicarse y sobrevivir.

---

[34] Las ribocimas (acrónimo de **ribon**ucleico y en**zima**) son moléculas de ARN con capacidad catalítica similar a las proteínas enzimáticas).

[35] Walter Gilbert (1932) es un físico y bioquímica estadounidense galardonado con el Premio Nóbel de Química en 1980 por sus trabajaos en la secuenciación de las bases de los ácidos nucleicos.

Manfred Eigen[36] introdujo en un tubo de ensayo una solución de monómeros de nucleótidos y estudió las moléculas de ARN (el polímero formado por la unión de nucleótidos) que se iban formando en función del tiempo de reacción. La formación de ARN estaba "trucada" en el sentido de que para que la reacción se llevara a cabo añadió a la solución de nucleótidos una enzima extraída de una bacteria viva, que servía como catalizador con la función de servir de molde para la formación del ARN. Evidentemente estas condiciones no eran abióticas propiamente dichas pero demostraban que era posible sintetizar ARN en el laboratorio.

Leslie Orgel[37] realizó un experimento similar pero sin utilizar una enzima como molde. El experimento consistió en tratar la solución de nucleótidos con iones de zinc como catalizador. Obtuvo también un número importante de moléculas de ARN. El avance de Orgel sobre Eigen es que su experimento es más abiótico pero debía haber moléculas de zinc. Podría ser una coincidencia o quizá no, pero se ha comprobado que bastantes enzimas modernas tienen átomos de zinc en sus sitios activos. Como Freeman Dyson aclara:

En las células vivas el ARN se fabrica utilizando moldes y enzimas. Si suponemos que el ARN fue la molécula original con la cual comenzó la vida, entonces para comprender el origen de la vida debemos fabricar ARN sin utilizar moldes ni enzimas. No Eigen ni Orgel lograron aproximarse a este objetivo.

---

[36] Manfred Eigen (1927) es un físico y químico alemán al que se le concedió el premio Nobel de Química en 1967 por sus investigaciones sobre las reacciones químicas rápidas.

[37] Leslie E. Orgel (1927-2007) Químico inglés conocido entre los evolucionistas por sus teorías acerca de la "complejidad especificada" para distinguir entre organismos vivos y materia inerte.

Aunque el ARN resulta ser una molécula muy versátil la dificultad del modelo del ARN como origen de la vida está en las condiciones de partida. Estas condiciones exigen que la sopa prebiótica hubiera sido muy concentrada en sustancias químicas de más complejidad que las obtenidas en los experimentos de Miller y Urey, tales como pequeñas proteínas, grasas para formar membranas celulares además de ciertos nucleótidos activos. Estas condiciones difícilmente se habrían podido dar en la Tierra primigenia.

La deriva genética

La idea de la deriva genética fue enunciada por el genético japonés Motoo Kimura en los años 70 del siglo XX. La teoría se basa a su vez, en la teoría neutra de la evolución que consiste en afirmar que las fluctuaciones estadísticas al azar a lo largo de la historia de la vida, han sido más importante que la evolución darwinista basada en la selección natural.

A la evolución mediante las fluctuaciones estadísticas es a lo que se llama deriva genética. Esta teoría es admitida en parte por Freeman Dyson, en el sentido de que la deriva genética pudo ser importante en las primeras etapas del desarrollo de la vida antes de que se estableciera los mecanismos genéticos.

Hoy desconocemos si el origen de la vida pudo ser un proceso lento que habría durado millones de años o bien podría haberse desarrollado de manera súbita. En el primer caso utilizaríamos la selección natural como mecanismo de actuación; solo en el segundo la deriva genética tendría un lugar donde asentarse.

Como hemos comentado la selección natural habría comenzado a actuar desde el momento en que hubieran aparecido los genes y estos expresaran variabilidad a través de un proceso lento en términos geológicos al principio, acelerándose a medida que las especies se iban creando.

Sustratos inorgánicos como origen de la vida

Los modelos anteriores de formación de las moléculas sencillas bióticas (aminoácidos, bases nitrogenadas, azúcares) indican algunos caminos para obtenerlas pero todos ellos lo plantean en un ambiente acuoso. Sin embargo la vida no pudo haber surgido en un ambiente acuoso porque los enlaces que forman los polímeros bióticos (proteínas y ácidos nucleicos) no son estables en dicho medio ya que el agua rompe las uniones que forman el polímero mediante la reacción llamada hidrólisis.

¿Cómo es posible, entonces, conciliar la formación de los principales polímeros biológicos con un ambiente acuoso como el de los océanos primitivos? Este fue el motivo que llevó a los investigadores a especular con la posibilidad de la formación de la vida sobre un soporte deshidratante como las arcillas.

En los años 60 del siglo XX Graham Cairns-Smith[38] lanzó la idea de que el primer sustrato genético pudiera ser inorgánico. La idea se basaba en las irregularidades morfológicas de los cristales de un tipo determinado de arcillas.

---

[38] Alexander Graham Cairns-Smith (1931-2016) Químico y biólogo británico famoso por sus teorías acerca del origen inorgánico de la vida.

De manera simplificada la idea establece que los silicatos en solución acuosa precipitan formando cristales que tiene la propiedad de mantener su forma estructural original a medida que van creciendo. La masa de cristales con una determinada forma podría haber afectado al ambiente que las rodeaba de manera que podrían generar nuevas replicaciones. En ellos las enzimas podrían haber sido sintetizadas.

A continuación el binomio arcilla-enzima habría aprendido a generar la membrana celular y por tanto el sistema genético de la célula estaría formado por cristales de arcilla. Después habría evolucionado el ARN que mejoraría al sistema genético formado por las arcillas dando lugar a la célula actual. Esta hipótesis está pendiente de ser corroborada por algún experimento de laboratorio.

Desde el punto de vista físico-químico el modelo resuelve problemas importantes entre ellos:

a) la arcilla podría haber sido capaz absorber las moléculas dispersas en la fase acuosa evitando la hidrólisis de los compuestos recién sintetizados...

b) ...y evitar la degradación por los rayos ultravioleta de las moléculas recién formadas. En los primeros estadios de la Tierra no existía la acción protectora de la capa de ozono, ya que aún no había oxígeno libre en la atmósfera.

Experimentos recientes han demostrado que en presencia de arcillas es posible sintetizar bases nitrogenadas a partir de formaldehído un compuesto químico que pudo existir en la Tierra primordial. También se ha visto que es posible polimerizar sobre ella, polinucleótidos de 40 a 50 unidades similares a pequeñas moléculas de ARN.

Investigadores israelíes demostraron que un tipo de arcilla, la montmorillonita, puede promover la polimerización de cadenas de polipéptidos similares a proteínas a partir de unos compuestos químicos llamados adenil-aminoácidos. Cuando los adenil-aminoácidos quedan adsorbidos sobre la superficie de arcilla forman cadenas de 50 o más aminoácidos con una eficiencia de casi el ciento por ciento. Por último se ha comprobado que los complejos constituidos por arcillas y ADN son muy estables frente a las radiaciones degradantes.

Otra teoría de relevancia de los sustratos inorgánicos como origen de la vida es la propuesta por el químico alemán Gunter Wächtershäuser. Esta teoría se fundamenta en la acción de los cristales de pirita (sulfuro de hierro), como material capaz de iniciar reacciones metabólicas en su superficie. La formación de la pirita mediante la acción de un gas, sulfuro de hidrógeno, que se genera en las profundidades de las dorsales oceánicas, desprende gran cantidad de energía.

Fumarola en el fondo oceánico

Los cristales de pirita habrían sido capaces de fijar sobre ellos moléculas orgánicas y hacerlas reaccionar entre sí con la aportación de la energía liberada en la formación de la pirita. Se da la circunstancia de que en estas fuentes hidrotermales submarinas existe una gran riqueza de vida bacteriana. Richard Dawkins en su libro *El relojero ciego* cita la teoría de Cairns-Smith haciendo algunas reflexiones que reproducimos a continuación:

Casi todos los cristales que se producen en la naturaleza tienen defectos. Y una vez que ha aparecido el defecto, tiende a ser copiado, ya que las capas adicionales de cristal se van incrustando encima de él.

Evidentemente este mecanismo es un proceso de replicación de una serie de defectos que nos recuerda a la capacidad replicadora del ADN pero de una manera más rudimentaria. Más adelante explica:

El papel de la arcilla y los demás cristales minerales en teoría sería el de actuar como duplicadores de <<baja tecnología>>, aquellos que fueron eventualmente reemplazados por la alta tecnología del ADN. Se formaron de una manera espontánea en las aguas de nuestro planeta, sin la elaborada <<maquinaria>> que necesita el ADN; desarrollaron defectos de una manera espontánea, algunos de los cuales pudieron ser replicados en las capas añadidas del cristal. Si luego se rompieron fragmentos de cristales apropiadamente defectuosos, podemos imaginárnoslos actuando como <<iniciadores>> de nuevos cristales, cada uno de los cuales <<heredaría>> el patrón de defectos de sus <<progenitores>>.

El mecanismo es apasionante y se podrían haber remontado a los primeros momentos de la vida de nuestro planeta.

El modelo elemental para la teoría de Oparin propuesto por Dyson

El modelo elemental propuesto por Dyson sobre la verosimilitud de la teoría de Oparin es un estudio basado exclusivamente en análisis matemático y teoría de probabilidades en las que no entraremos porque estaría fuera de lugar. Únicamente comentaremos sus postulados básicos. Estos son en esencia los siguientes:

1) El orden de aparición de la vida comienza en la célula, después surgen las enzimas y más tarde los genes. Esta es la teoría de Oparin.
2) La célula es una porción pequeña de volumen lleno de fluido donde se encuentran pequeñas moléculas orgánicas que pueden difundirse en el interior y también en el exterior.
3) Las células no interaccionan entre sí. Esto lo harán al final del proceso.
4) Los cambios en la población se producen mediante etapas discretas.
5) Existen unos puntos en la superficie de las células donde se adsorben y desorben monómeros con la misma probabilidad. Este postulado se impone para simplificar los cálculos matemáticos.
6) Los monómeros unidos a la superficie puede estar en forma activa o inactiva.
7) Los monómeros activos son los de la especie adecuada y se encuentran en el sitio adecuado para polimerizar y formar enzimas.
8) Establece los mecanismos dinámicos de adsorción y desorción de moléculas por los que se producen las polimerizaciones de los distintos monómeros y valora la eficacia probabilística de que se verifiquen las reacciones.

Con estos supuestos se elabora una teoría matemática que sirve para tratar de dar respuesta y soporte teórico a la teoría de los coacervados de Oparin. El modelo determina tres números que sirven para especular sobre las condiciones que se pudieron dar para el origen de la vida. Estos números son el tamaño de la población de moléculas, N; la diversidad química de monómeros, a; y el grado de eficiencia de los catalizadores de las reacciones de polimerización, b.

El estudio matemático de los tres parámetros establece como valores óptimos los siguientes: en el caso de la diversidad química de los monómeros, las ecuaciones dan un resultado para a entre 9 y 10. Para el caso de las proteínas los aminoácidos que interviene actualmente son 20, pero no resulta descabellado que en los albores de química biótica, 10 podrían haber bastado para las primeras sustancias proteínicas primitivas. El valor b, (catalizadores equivalentes a nuestras enzimas actuales), el número resultante del modelo puede oscilar entre 60 y 100.

La efectividad de las enzimas modernas, por ejemplo, las polimerasas, es del orden de unas 100 veces mayor. Igual que el razonamiento anterior, una eficacia mucho más baja de los catalizadores primitivos bien podría haber sido eficiente sobre todo si tenemos en cuenta que las enzimas actuales han acumulado una experiencia de 3.000 millones de años de evolución. Por último el valor N relativo al tamaño de la población, el modelo trabaja con un valor de 2.000 a 20.000 monómeros que resulta bastante verosímil si se tiene en cuenta que con unos 10.000 monómeros se puede establecer un grado de complejidad biológica aceptable.

A medida que las poblaciones moleculares evolucionaron a lo largo de extensos periodos de tiempo, es probable que tanto la diversidad química de monómeros como la eficacia los catalizadores de las reacciones de polimerización hayan aumentado de manera importante.

Es digno de mención que este modelo matemático obvia la necesidad de moléculas replicantes tipo ADN. Su mecanismo de actuación es el metabolismo originado por las proteínas. La necesidad de genes y su información adjunta, sería una modernización muy posterior de los mecanismos de proliferación de las protocélulas.

Otra conclusión sorprendente del modelo es la simetría entre la vida y la muerte. Vida aquí significa prevalencia del orden y muerte del desorden. Pues bien el modelo establece una probabilidad igual para la vida que para la muerte de las células, esto es, que la vida y la resurrección se producen con igual frecuencia. ¿Por qué la muerte sigue siendo tan común en la evolución y no se da la resurrección si son igual de probables según el modelo? La explicación podría ser que a medida que la vida ha ido evolucionando los procesos de catálisis de las células se han ido perfeccionando teniendo cada vez menos errores.

Conclusión

La primera conclusión que se obtiene después de revisar las diferentes teorías sobre el origen de la vida es que a pesar de los esfuerzos de grandes investigadores poco a nada sabemos con certeza sobre su origen. Mientras no seamos capaces de realizar experimentos en el laboratorio que sinteticen ácidos nucleicos a partir de sus componentes principales estaremos solo especulando con las teorías. Quizá nunca lo podamos lograr porque nadie conoce con exactitud las condiciones ambientales de la Tierra primigenia. No obstante, la hipótesis de un origen "natural" de la vida resulta mucho más plausible que las teorías creacionistas aunque sea solo por reducción al absurdo.

De lo segundo no existe argumento científico alguno que lo apoye, a no ser que se esgrima la ausencia de evidencias experimentales del origen de la vida como prueba válida de la creación sobrenatural de los seres vivos. Como diría Bertrand Russell, la carga de la prueba recae sobre la versión de un origen sobrenatural de la vida y no sobre la ciencia. A pesar de ello, durante la segunda mitad del siglo XX, la ciencia ha sentado las bases para llevar a buen fin, alguna de las hipótesis manejadas.

Las teorías basadas en el origen extraterrestre de la vida, la panspermia, bien pudieran ser correctas y de hecho existen como hemos visto, evidencias que las apoyan. En cualquier caso, esto no haría más que desplazar el lugar del espacio sobre el que se inició la vida, del planeta Tierra a otro punto dentro o fuera de nuestro sistema solar. Lo que dio paso a la vida en ese hipotético lugar extraterrestre sigue siendo un misterio y se pueden plantear las mismas incógnitas que si situamos el origen de la vida en la Tierra.

El mundo del ARN defendido por Walter Gilbert resulta muy atractivo, pero le falta conseguir la síntesis de ARN, mejor dicho, de los nucleótidos que lo forman de manera totalmente abiótica. Los experimentos de Eigen y Orgel no han sido suficientemente convincentes de la bondad de dicha teoría, pero como dice Dyson, el reto sigue en pie y está en manos de químicos muy imaginativos que den con el experimento adecuado.

El esfuerzo realizado por Dyson para demostrar matemáticamente la plausibilidad de las teorías de Oparin es muy meritorio pero los resultados solo apuntan a consideraciones estadísticas dejando abierta la puerta a múltiples especulaciones. También es descartable la idea de la inevitabilidad química expresada por Stephen Gould.

Detrás de esa idea se puede uno imaginar el principio antrópico y por ello bien podríamos decir que el Big Bang y todo lo que vino después estaba pensado para que existiera el ser humano. Al contrario es más fácil decir que la vida surgió de una manera casual, en el sentido de accidental, en un lugar o en varios en los que se dieron las condiciones adecuadas.

Cuando se profundiza un poco en la bioquímica y la genética nos damos cuenta de lo difícil que debió resultar reunir todas las piezas para que los mecanismos autorreplicantes, compuestos por moléculas muy complicadas, pudieran establecer el orden que les caracteriza en contra de los principios físicos de la termodinámica.

Las teorías más modernas sobre el origen de la vida son las que lo ligan a los soportes inorgánicos tales como las arcillas, según las ideas de Cairns-Smith o los cristales de pirita de Wächtershäusser. Ambas reúnen ventajas desde el punto de vista químico-físico y de la cinética de la reacción de formación de los enlaces peptídicos de las proteínas.

Cuando se considera el tiempo transcurrido desde la presencia de los primeros vestigios de vida y la aparición de los primeros organismos pluricelulares, parece que fue más fácil el paso de la materia orgánica no biológica a la vida que el proceso siguiente. En efecto, la aparición de la vida pudo haber tardado mil millones de años desde la formación del planeta Tierra mientras que los primeros organismos pluricelulares necesitaron el doble de tiempo en evidenciar su existencia. El problema es que de esos primeros mil millones de años de existencia de la Tierra no tenemos ninguna información.

Sin duda, si el proceso de formación de moléculas orgánicas complejas como monómeros para la polimerización de polímeros biológicos resultó difícil y no encontramos una respuesta clara, más complicado resulta describir el mecanismo de formación de la maquinaria genética. El dogma central de la genética es que el ADN codifica el mensaje que transmitido mediante el ARN es capaz de sintetizar las proteínas y enzimas necesarias para el metabolismo de las células. Pero resulta que para que el ADN funcione como replicador y codificador se necesita la presencia de enzimas. Nos encontramos entonces con el antiguo dilema del huevo y la gallina. ¿Qué fue primero? La respuesta debería ser que ambos sistemas, ácidos nucleicos y enzimas evolucionaron por separado a partir de sistemas más sencillos que hoy en día ya no existen porque fueron eliminados por los sistemas actuales más perfeccionados. Este es el razonamiento lógico pero no tenemos evidencia de dichos mecanismos.

A la vista de las investigaciones realizadas para descubrir el origen de la vida parece muy improbable que algún día encontremos la explicación exacta de lo que ocurrió, pero sí deberíamos ser capaces de deducir un camino químico que nos conduzca de los simples productos químicos a la vida. La investigación del origen de la vida nos puede proporcionar información muy valiosa incluso en el caso de que no encontremos una detallada descripción sobre cómo empezó efectivamente la vida. En particular deberíamos ser capaces de responder con precisión a la pregunta sobre cómo de probable o improbable pudo ser la generación espontánea de la vida a partir de sustancias prebióticas. Si se comprobara que la generación espontánea fuera una opción bastante probable entonces podríamos esperar que la vida hubiera surgido en cualquier lugar del universo. En caso contrario si los pasos químicos se revelaran como muy improbables, la conclusión sería que debemos estar solos en el universo.

7. TEORÍA DE LA EVOLUCIÓN

El planeta Tierra tiene más de 4500 millones de años, y durante la mayor parte de este período ha florecido la vida en su superficie. El registro fósil muestra que los organismos que han habitado la Tierra han experimentado cambios profundos a lo largo del tiempo. Este es el fenómeno que hoy llamamos "evolución"[39].

Darwin

La teoría de la evolución es un descubrimiento del siglo XIX. Hasta mediados de ese siglo en Occidente dominaban las ideas creacionistas del Génesis por la que los seres vivos, las especies[40] en general, habían sido creados por Dios tal cual los vemos en la actualidad. Ni siquiera mentes tan privilegiadas como Galileo, Newton y Descartes se habían planteado otra cosmología.

Hasta el siglo XIX se distinguía entre dos grupos de especies del reino animal: los animales superiores que incluían aves, peces, reptiles y mamíferos y por otro lado los seres inferiores como moscas, gusanos, etc. Este grupo de seres inferiores, se pensaba que se originaban por generación espontánea a partir de la tierra, del barro y la descomposición de animales superiores mientras que los seres superiores habrían sido creados directamente por Dios.

---

[39] Cita del libro *Evolución. Historia de la vida* de Douglas Palmer & Peter Barrett. Gaia Ediciones 2010.

[40] En biología se define como especie aquellos conjuntos de organismos o poblaciones naturales capaces de cruzarse entre sí y producir descendencia fértil.

Esta sería la influencia de la "mano muerta de Platón" como muy bien sugiere Richard Dawkins en su libro *Evolución, el mayor espectáculo sobre la Tierra*. Esa mano muerta es la antigua doctrina filosófica del esencialismo que Dawkins lo explica como sigue:

> *Para Platón, la realidad que creemos ver son sombras proyectadas sobre la pared de nuestra caverna por la temblorosa luz de un fuego de campamento...*

Y hablando de la evolución de los animales, en este caso los conejos:

> *El platónico ve cada cambio en los conejos como una desviación desordenada del conejo esencial, y siempre habrá resistencia al cambio...La visión evolutiva de la vida es radicalmente opuesta. Los descendientes pueden desviarse indefinidamente de la forma ancestral y cada desviación se convierte en un ancestro potencial para variaciones futuras.*

No obstante, ya en el siglo XVIII, en la época de la Ilustración los naturalistas no veían claro la inmutabilidad de las especies. Empezaba a resultar obvio que los fósiles que se iban descubriendo no encajaban en ese esquema. El primer naturalista que se dio cuenta de que las especies habían evolucionado fue Lamark[41] aunque la interpretación correcta de las razones de esa evolución habría de esperar a Darwin y Wallace[42] casi 70 años más tarde.

---

[41] Jean-Baptiste Lamark (1744-1829) naturalista francés.

[42] Alfred Russel Wallace (1823-1913), naturalista británico que propuso su teoría de la evolución independientemente de Darwin.

Darwin y Wallace descubrieron por separado la teoría de evolución siendo Darwin el primero que la publicó, pero las conclusiones generales son las mismas.

La diferencia entre un autor y otro estriba en que Wallace no admitió que la evolución natural fuera aplicable a la especie humana. No entendía cómo un proceso de selección natural podía desarrollar un cerebro con capacidades de raciocinio tan superior al resto de los animales incluidos los más próximos en el árbol evolutivo.

El desarrollo de la paleontología[43] como ciencia fue un hecho que abrió la puerta para la llegada de las teorías evolutivas de Lamark, Darwin y Wallace. Aunque hay referencias desde la antigüedad a la presencia de fósiles no es hasta mediados del siglo XVIII en que su estudio empieza a ser consistente. Se considera al naturalista francés Cuvier (1769-1832) como el fundador de la Paleontología y al geólogo inglés Charles Lyell (1797-1875) como el principal artífice del desarrollo de la Geología que aportó los conocimientos necesarios para que Darwin desarrollara su teoría evolutiva

Los principios o postulados en los que Darwin basó su teoría de la evolución son cuatro, estando los dos primeros inspirados en las ideas de Lamarck y los dos segundos genuinos de Darwin:

- El mundo no es estático, las especies evolucionan continuamente.
- El proceso de evolución es gradual y continuo.
- Los organismos semejantes están emparentados y descienden de un antepasado común.

---

[43] Paleontología es la ciencia que estudia e interpreta el pasado de la vida sobre la Tierra a través de los fósiles.

- La selección natural es el motor de la evolución siendo sus pilares la variabilidad de las especies y la lucha por la supervivencia mediante la adaptación a los factores ambientales.

Darwin expuso su teoría en su obra *El Origen de las Especies* el año 1859. El título completo de la primera edición era *El origen de las especies por medio de la selección natural o la preservación de las razas favorecidas en la lucha por la vida*. En él ya desvelaba Darwin el mecanismo propuesto para el funcionamiento de la evolución.

El origen de su teoría se empezó a gestar en la observación de la naturaleza de América del Sur que realizó a bordo del buque Beagle en el que viajaba como naturalista tal como él mismo nos cuenta en su introducción:

> *Cuando estaba como naturalista a bordo del Beagle, buque de la marina real, me impresionaron mucho ciertos hechos que se presentan en la distribución geográfica de los seres orgánicos que viven en América del Sur y en las relaciones geológicas entre los habitantes actuales y los pasados de aquel continente. Estos hechos, como se verá en los últimos capítulos de este libro, parecían dar alguna luz sobre el origen de las especies, este misterio de los misterios, como lo ha llamado uno de nuestros mayores filósofos.*

Estas observaciones y el estudio de la variabilidad de las razas de animales y plantas domesticadas por el hombre le dieron las pistas para configurar su teoría evolutiva. De hecho el primer capítulo del *El Origen de las Especies* trata de la variabilidad de los animales y plantas en estado domesticado. Darwin se preguntaba sorprendido por la cantidad de razas diferentes que existen de perros obtenidas mediante la selección humana de diferentes características y el cruzamiento entre sí de los individuos de la misma raza para preservar las características seleccionadas.

Si el hombre ha podido hacer esto en unos centenares o unos pocos miles de años, qué no podría hacer la naturaleza a lo largo de centenares de millones de años.

Esta reflexión se la hacía Darwin y se reafirmaba en sus ideas evolutivas señalando cómo a base de pequeños cambios graduales se habrían ido formando unas especies y extinguiéndose otras como el registro fósil señalaba.

Darwin era muy consciente de que los individuos producen crías semejantes a sí mismos y en número superior al que puede sobrevivir para llegar a la vida adulta y reproducirse como población descendiente.

Dentro de una población existen variaciones entre los individuos, y una buena parte de estas variaciones son hereditarias y se transmiten a las crías junto con nuevos rasgos genéticos llamados mutaciones, que han surgido de manera espontánea durante la reproducción. Pero dado que el espacio vital en la Tierra es limitado, existe una competencia por el territorio y por los recursos, tanto entre los individuos de una misma población como entre una población y otra.

Los individuos que tienen caracteres favorables tienden a imponerse a los demás en la competencia y transmiten sus caracteres beneficiosos a sus crías, quienes a su vez, tendrán más éxito que los individuos peor dotados.

Además, dado que el entorno es variable en el tiempo y en el espacio, los caracteres heredables que se ajustan mejor a un entorno determinado resultan seleccionados para ese lugar concreto. Por eso, las poblaciones que se encuentran en entornos diferentes divergen unas de otras, y cada una se va adaptando a sus circunstancias cada vez mejor.

Este proceso, repetido a lo largo del tiempo geológico, ha ido produciendo toda la diversidad de la vida que se encuentra en la Tierra.

El árbol de la vida

La forma de divergencia de las especies se ha explicado gráficamente de diferentes formas. El neodarwinismo recoge tres tipos básicos, el original de Darwin en forma de árbol, la forma de arbusto y la red de entrecruzamientos.

La tipología en forma de árbol es el resultado de sucesivas divergencias: una secuencia se divide en dos secuencias hijas que mutan y se ramifican de forma independiente a lo largo de periodos de tiempo muy grandes.

El árbol de la vida original de Darwin tiene este aspecto:

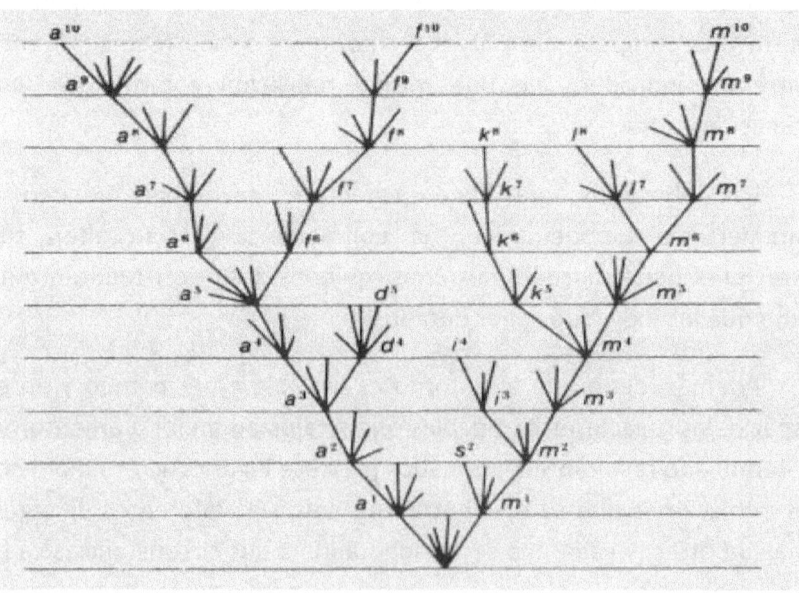

Partiendo de un origen común situado en la línea horizontal inferior se originan varias ramas principales como las a^n y la m^n que a su vez con el paso del tiempo dan lugar a pequeñas ramas como las d^n i^n y k^n; algunas se extinguen, y otras siguen hacia arriba como la f^n y la k^n.

Las especies que han prosperado y existen en la actualidad son las de la línea horizontal superior, las que llegan al nivel 10. Las que no han alcanzado este nivel se han quedado en el camino, se han extinguido. Las ramas a y m podrían representar a los reinos animal y las vegetal respectivamente.

El esquema de árbol de la vida representado en la figura anterior es una mejora del original que Darwin dibujó en sus cuadernos.

La divergencia en forma de arbusto se da cuando las secuencias relacionadas poseen un solo precursor y su descendencia se ha desarrollado independiente una de otra y divergen simultáneamente acumulando mutaciones sobre muchas generaciones.

Por último la divergencia en red de entrecruzamiento es un caso particular de mecanismo evolutivo que se da principalmente en colonias de mutantes a partir de una secuencia optimizada que surge independientemente por caminos distintos especialmente si los mutantes están próximos a la secuencia optimizada.

El esquema mostrado a continuación es el propuesto por Haeckel[44]. El referente más parecido en la naturaleza sería una cepa de vid.

---

[44] Ernest Haeckel (1834-1919), naturalista y filósofo alemán que popularizó el trabajo de Darwin.

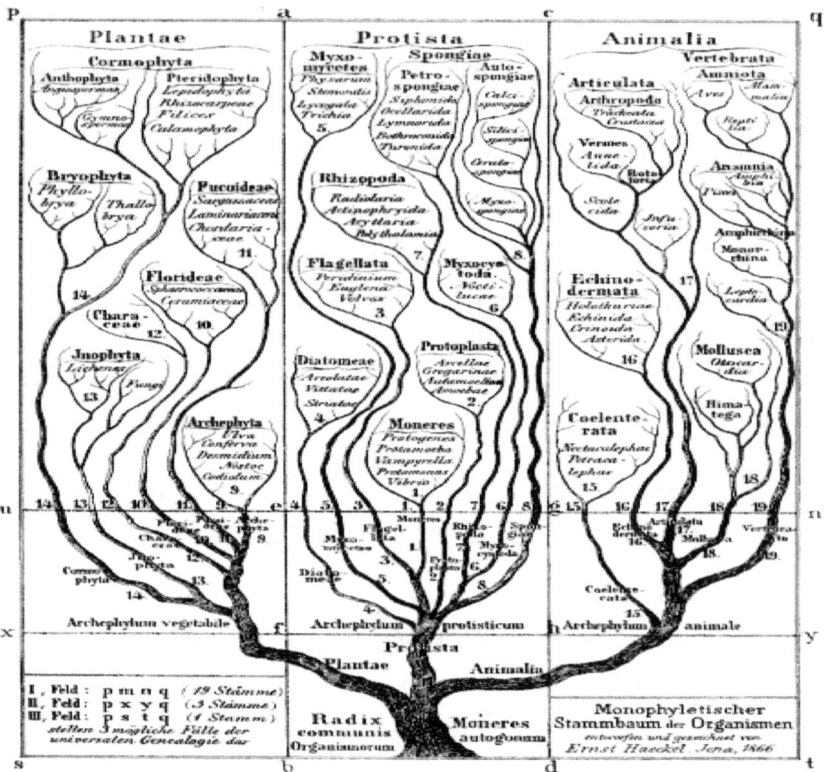

El esquema más utilizado para representar evolución de la vida es la forma de árbol. En él se sitúa al hombre no en la cúspide de la evolución sino en una de las ramas de la misma. Esto nos indica que el *homo sapiens* no es la coronación de los mamíferos ni siquiera de los primates. Por tanto, no es correcto achacar a Darwin, la idea de que el hombre proviene del mono como se le censuró en su tiempo cuando expuso su teoría de la evolución.

Homo sapiens y el chimpancé son divergencias válidas y adaptadas al ambiente originadas a partir de un antepasado común. Cada uno ha seguido un camino evolutivo diferente, si bien es cierto que las diferencias genéticas son mínimas ya que comparten el 99% de los genes.

El neodarwinismo

Se define como neodarwinismo o también como teoría sintética el intento de fusionar las ideas de Darwin con los descubrimientos de la genética moderna durante el primer tercio del siglo XX. El motor de la evolución según el neodarwinismo son las mutaciones aleatorias heredables que se producen en la replicación del ADN de las células.

La clave de la evolución reside en la relación entre cambio y selección. Cuando el ADN muta, la consecuencia inmediata es la producción de proteínas distintas a las normales del organismo en cuestión que en definitiva se traduce en un organismo modificado. Como consecuencia los organismos que sufren los cambios se deben enfrentar en un ambiente que no se adaptan a la estructura sobrevenida. Los resultados evolutivos de las mutaciones aleatorias se miden sobre grandes poblaciones y transcurridas muchas generaciones.

Cuando Darwin enunció su teoría de la evolución, la sociedad de su tiempo no estaba preparada para aceptar esas ideas. El impacto de su teoría resultaría revolucionario para el pensamiento de su época ya que con la teoría de la evolución el hombre pasaba de ser el rey de la creación y de la Tierra, a ser un eslabón más de la cadena evolutiva.

Varios problemas dificultaban la aceptación de la teoría darwinista. La primera y quizá la más importante es que Darwin no podía explicar cómo se generaba la variabilidad de las poblaciones porque desconocía que se producía por mutaciones en la replicación del ADN. Eso lo sabemos hoy, pero entonces no se conocían ni los cromosomas.

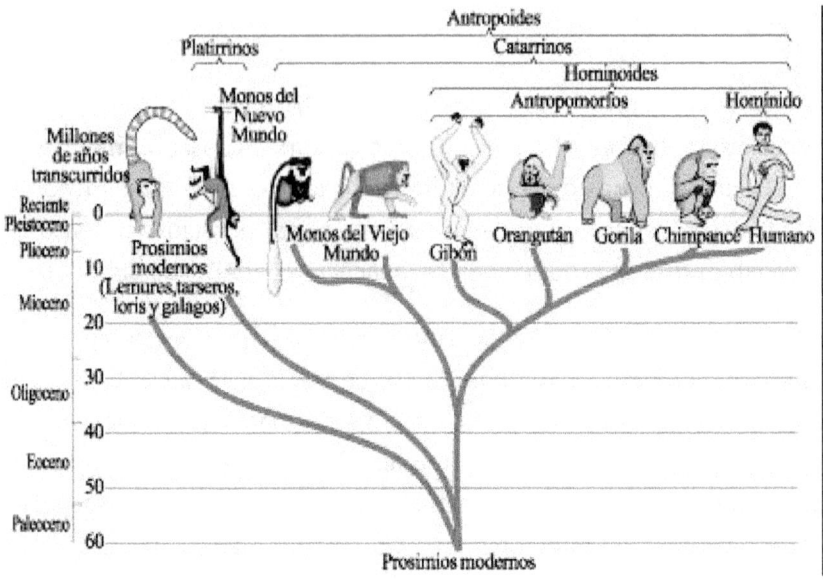

Esquema evolutivo de los primates. Lo grandes simios derivan de un rama surgida hace unos 30 millones de años.

A pesar de que las leyes de la herencia habían sido formuladas por Mendel en 1865, antes de la publicación del Origen de las Especies, eran totalmente desconocidas para la comunidad científica. Hasta 1900 no se difundieron. Otra razón era el desconocimiento de la edad de la Tierra. En época de Darwin se suponía que la edad del planeta no era mayor de 15 o 20 millones de años. Esta cifra parecía pequeña para que hubiera habido tiempo suficiente para el desarrollo de las especies dado la lentitud del proceso. Hoy sabemos que la edad de la Tierra es de 4600 millones de años.

El neodarwinismo establece que el principal mecanismo evolutivo basado en la genética son las mutaciones en la duplicación del ADN que producen la variabilidad.

Cualquier factor que modifique las frecuencias alélicas[45] de las poblaciones es un mecanismo evolutivo. La evolución es por tanto el cambio en las frecuencias alélicas de una población de generación en generación. Una vez creadas las mutaciones empiezan a trabajar los factores que dan viabilidad a la prevalencia de dichas mutaciones. Los principales son: la selección natural, la migración y la deriva genética. Veamos con detalle cada uno de estos mecanismos.

La evolución mediante selección natural es un proceso en dos fases. La primera es la producción continua de variabilidad entre los individuos mediante procesos de mutación, entrecruzamiento y recombinación de genes. La segunda fase es la actuación de la selección natural sobre la variabilidad existente, conservando las variaciones que sean ventajosas en cada ambiente y momento. Hay que hacer hincapié en que la aparición de cualquier variación nueva es independiente de las necesidades del organismo.

El organismo no elige una variación para acomodarse a un ambiente sino que es el ambiente el que elige la variación que permanece. Esto se deduce del dogma central de la biología que vimos en   apartado de genética. Lo podemos expresar en un sencillo diagrama:

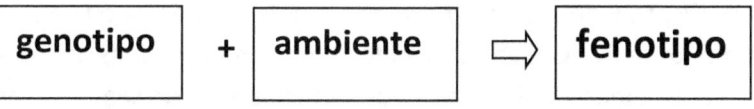

---

[45] Los alelos son las formas alternativas que puede adoptar un gen, cada uno con sus propias secuencias de bases, que ocupan una posición idéntica en los cromosomas homólogos y controlan los mismos caracteres. Cuando se manifiestan se determinan ciertas características por ejemplo el color de los ojos o el color del pelo, entre otros.

El genotipo es el conjunto de genes que un organismo tiene y el fenotipo son los genes que se expresan. Un ejemplo: una persona puede llevar genes de color de ojos azules y marrones, pero si al final nace con ojos de color marrón, el fenotipo sería ojos de color marrón.

La dirección de este proceso es irreversible, nunca procede de derecha a izquierda que era precisamente lo que defendía Lamark. Si así fuera, sería posible que los caracteres adquiridos por el ambiente se pudieran transmitir a las generaciones posteriores; eso está prohibido por las leyes de la genética. Así, el hecho de que una persona pierda la vista por un accidente, su descendencia no tiene que ser necesariamente ciega. Es una característica sobrevenida y por tanto no hereditaria.

La selección natural por tanto, viene determinada por la diferente capacidad reproductiva de los individuos de una población concreta. Cuando en una población en particular existen algunos individuos que tienen más descendientes que otros, con el paso del tiempo la frecuencia del tipo más prolífico tenderá a aumentar.

Los individuos que presentan un gen mutado más idóneo para unas determinadas condiciones de vida tienen más probabilidades de reproducirse y de transmitir ese gen a la descendencia o lo que es lo mismo los individuos caracterizados por el genotipo más adecuado a las condiciones ambientales predominantes, o sea los mejor adaptados al ambiente, tendrán mayores posibilidades de reproducirse y de dejar descendencia fértil. Esta es la razón por la cual la selección natural es un mecanismo adaptativo de la evolución.

Resulta oportuno volver a aclarar ahora que una mutación es un error que se produce en la replicación del ADN al alterarse una determinada secuencia de bases en la molécula copiada. Pero todas las mutaciones no son operativas para la selección natural.

Cuando la mutación se origina en una célula de cualquier tejido de un organismo se puede producir un cáncer en ese individuo, pero dicha mutación no se hereda. Solo cuando la mutación se origina en los gametos en el proceso de meiosis (las células reproductoras: óvulos y espermatozoides) es cuando se puede heredar o traspasar a la siguiente generación.

Las mutaciones de los gametos pueden ser a pequeña escala o puntuales cuando solo cambia una base, o cambios a gran escala cuando lo hacen una serie de ellas. Los cambios a gran escala en las poblaciones son el resultado de la acción acumulativa de numerosos factores. Sin embargo, los pequeños cambios que se introducen en las poblaciones mediante mutaciones pueden dar lugar a cambios importantes de las frecuencias alélicas de la población si interviene la selección.

Los cambios a gran escala se pueden originar en los cromosomas mediante inversiones y/o duplicaciones de secuencia de bases, etc. También se pueden producir por poliploidía, es decir tener más cromosomas de los normales en la especie. Este es caso de los humanos con síndrome de Down caracterizado por tener tres cromosomas número 21 en lugar de la pareja habitual.

La selección natural no es una fuerza en el sentido mecánico de la física clásica. La selección natural simplemente favorece algunos cambios genéticos frente a otros cuando mutan por azar pero no interviene en la aparición de dicha mutación. Esto es un concepto clave para entender todo el proceso evolutivo y eliminar cualquier tipo de conductismo que pudiera ejercer influencias desde el medio exterior hacia el genoma del núcleo celular.

Mecanismos de selección

Un mecanismo que funciona sobre todo en poblaciones pequeñas es lo que se llama deriva genética que consiste en las fluctuaciones alélicas de una generación a la siguiente producidas de forma casual e impredecible. Se debe a la incertidumbre estadística que se produce en pequeños grupos de individuos. Para explicar este mecanismo utilizaremos un ejemplo. Si tiramos una moneda al aire 10 veces, lo más probable es que el número de caras no coincida con el de cruces aunque la probabilidad sea la misma para ambos sucesos, el 50%. Supongamos que obtenemos 7 caras y 3 cruces. Esto nos ha originado una población de mayoría de caras. A medida que aumentemos la población de tiradas la frecuencia alélica (cara o cruz) se irá igualando al 50%.

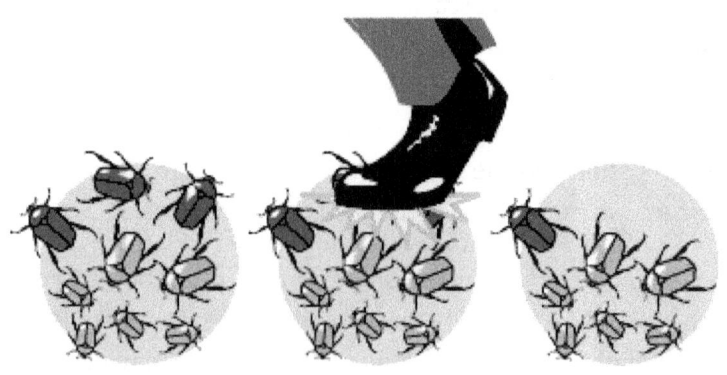

El dibujo de arriba ilustra el mecanismo de la deriva genética. Si de una población de escarabajos desaparecen de manera accidental (representado aquí por un pisotón), varios del color verde que están en minoría, la población resultante tendrá una representación escasa de escarabajos color verde y mayoritaria en color marrón.

Vemos como por este procedimiento la frecuencia alélica (colores de las alas) ha cambiado con tendencia a perderse el alelo de color verde a lo largo del tiempo.

La migración es un mecanismo aplicable también en poblaciones pequeñas y consiste en la transferencia de alelos de una población a otra por migración de alguno de sus individuos. Si de una población de escarabajos 100% de color pardo emigran algunos individuos a otra población compuesta por 75% color pardo y 25% color verde, la población resultante estará compuesta por 50 % de individuos de color pardo y 50% de color verde. A esta migración de alelos se llama flujo genético.

En la naturaleza se dan además otros mecanismos de selección. El hombre actúa sobre la naturaleza mediante la selección artificial, que es la realizada para obtener flores más bonitas, espigas de trigo más grandes u obtener un perro de raza partiendo un espacie salvaje como el lobo. El mecanismo consiste en preservar los genes que otorgan las características que se desean mediante cultivo (en el caso de las plantas) o crianza selectiva (en los animales domésticos). Este procedimiento lo ha utilizado el hombre desde el comienzo del neolítico.

La selección natural se distingue de la artificial en que no es dirigida por los seres humanos, sino por la propia Naturaleza desde sus orígenes, y es la que descubrió Darwin junto con sus diferentes mecanismos entre ellos la selección sexual que se da en muchos animales. Un ejemplo característico es de los pavos reales. Las hembras eligen para aparearse a los machos más atractivos, de más deslumbrante plumaje, y así preservan para futuras generaciones los genes que dan machos más atractivos en detrimento de los menos atractivos.

La Naturaleza tiene un gran repertorio de secuencias de genes con muy diferentes grados de divergencia o separación filogenética. Encontramos genes muy variables con cuya ayuda se puede calibrar incluso el grado de parentesco entre el hombre y los primates no humanos y por otro lado genes que están tan bien conservados que nos retrotraen a las ramificaciones primordiales de organismos tales como las bacterias o arqueobacterias. Existen incluso familias de genes cuyo parentesco desciende hasta el estado pre-celular. Ellas nos pueden dar, por ejemplo, un atisbo en el origen del código genético.

Todos los estados de evolución, desde la diferenciación de los primates hasta la primera ramificación de los organismos unicelulares, pueden ser analizados cuantitativamente por la comparación de los genes adecuados o las proteínas codificadas por ellos. De las secuencias genéticas determinadas, las familias mejor investigadas incluyen ahora mismo las inmunoglobulinas, la hemoglobina y la enzima respiratoria citocromo *c*. Los ácidos nucleicos proporcionan una buena información sobre los primeros estados de evolución biológica. Estos se ha estudiado ya en cientos de especies, y todos muestran claramente los más antiguos puntos de ramificación de evolución. La tipología de todos los parentescos filogenéticos es sin ninguna duda en forma de árbol. En contraste, otras familias de secuencias, como la de diferentes tipos de moléculas de ARN de transferencia dentro del mismo organismo se diversifican con modelo de arbusto.

El principio de la selección natural no es un axioma mítico inmanente a la materia viva. Al contrario es una ley física, o sea un principio según el cual definidas unas condiciones iniciales éstas conducen a un esquema de comportamientos deducible.

Las condiciones iniciales deben cumplir los siguientes requisitos:

- Los individuos en los que la selección actúa deben ser auto-replicantes (ADN, moléculas, virus o bacterias). Una vez que existen, se deben multiplicar mediante copia de individuos ya presentes y nunca mediante síntesis de nueva procedencia, no heredada, de nuevos individuos.

- La replicación debe ser susceptible de sufrir errores de copia. Esto se debe a que el proceso físico de copia tiene lugar a una temperatura finita, y la energía asociada a las interacciones de la copia es del mismo orden de magnitud de la energía térmica asociada. Las moléculas involucradas en las replicaciones están así sujetas a choques entre ellas debido al movimiento térmico, lo que resulta en mutaciones. Esto significa que algunos replicadores vienen a la existencia no como resultado de una copia verdadera de un pariente idéntico, sino como consecuencia de una copia no precisa de uno con los que está relacionado.

- La autorreplicación debe tener lugar suficientemente lejos del equilibrio químico. Esto significa que los sistemas de replicadores necesitan un suministro perpetuo de energía útil para vencer el incremento natural de entropía que exigiría el segundo principio de la termodinámica. En otras palabras, el sistema debe poseer un metabolismo eficaz. La información no se puede originar en un sistema que está en equilibrio.

Por todo lo anterior la capacidad de autorreplicación, la posibilidad de mutación aleatoria y metabolismo son condiciones necesarias para la selección natural lo que implica que en todo sistema que posea estas tres propiedades se da automáticamente selección natural.

La evolución no es sinónimo de mejora o progreso. Cuando observamos el árbol de la vida podría parecer que los seres que alcanzan lo copa deberían ser los más perfectos biológicamente hablando porque habrían acumulado mejoras a lo largo del tiempo. Es como si la célula primitiva se hubiera ido modificando en formas de vida más complejas hasta llegar al hombre. Esto no es correcto. Todas las especies tanto las existentes como las extinguidas descienden de un antepasado común, pero el camino desde esa célula primitiva hasta el hombre no ha sido recto; a lo largo del tiempo diferentes líneas de organismos sufrieron cambios que dieron lugar, en cada caso, a una descendencia adaptadas a ambientes específicos diferentes. Esto es lo que representa el árbol de la vida. Por este motivo ningún ser vivo actual puede ser considerado un antepasado del hombre. Las especies vivas se consideran modernas en el sentido de que poseen una historia evolutiva propia.

La especiación

El fenómeno de especiación es el proceso que da lugar a dos especies nuevas a partir de una única especie. En biología se considera especie como el conjunto de organismos o poblaciones naturales capaces de cruzarse entre sí y tener descendencia fértil. Esta definición es válida para organismos que se reproducen de manera sexual pero no lo es para aquellos que no se reproducen sexualmente como las bacterias. En estos casos hay que recurrir al estudio de su ADN.

Se distinguen dos tipos de especiación:

La especiación alotrópica es el proceso más común y se origina cuando una población inicial da lugar a dos o más subpoblaciones aisladas geográficamente.

Esta separación geográfica puede ser debida a la formación de un mar, cordillera o diferentes islas separadas por barreras infranqueables para alguna de las especies nuevas. En cada una de estas especies con el transcurso del tiempo el acervo genético puede cambiar profundamente hasta el punto de que los individuos de esas subpoblaciones sean incapaces de cruzarse entre sí lo que origina dos especies distintas.

La especiación simpátrica tiene lugar cuando dos subpoblaciones queda aisladas reproductivamente sin que haya habido una verdadera separación geográfica. Un ejemplo de este proceso se da cuando un grupo de insectos cambia la planta huésped en la que liba. Esto puede dar lugar a que estas subespecies no puedan ser capaces de cruzarse entre sí y formen nuevas especies.

Para explicar los mecanismos de especiación los biólogos trabajan con dos hipótesis. Una es la hipótesis gradualista que presupone un cambio gradual de las distintas especies que habrían evolucionado en un tiempo muy largo. El esquema correspondiente es el árbol de la vida modelo Darwin.

Otra hipótesis más moderna es la llamada evolución por equilibrios intermitentes o puntuados. Esta hipótesis fue propuesta Gould[46] y Elredge[47] a principios de los años 70 del siglo XX. La idea es que a diferencia de la hipótesis anterior, la evolución trascurre a saltos, es decir, las especies se mantienen inalteradas durante mucho tiempo en equilibrio con el ambiente en un estado de *éxtasis* como sería definido por Gould.

---

[46] Stephen Jay Gould (1941-2002) paleontólogo y biólogo estadounidense especializado en biología evolutiva.

[47] Niles Elredge (1942) paleontólogo estadounidense coautor junto con Gould de la teoría del equilibrio puntuado.

Estos periodos de equilibrio serían interrumpidos por periodos breves de tiempo desde el punto de vista geológico durante los cuales la evolución trascurriría de manera muy rápida.

El registro fósil apoya de manera bastante convincente este mecanismo aunque debemos decir que 150 años después de la publicación por Darwin del Origen de las especies aún se desconoce en parte el modo en que se originaron.

El aspecto del árbol de la vida en "formato" de equilibrio puntuado podría ser el representado en la parte inferior de la figura siguiente:

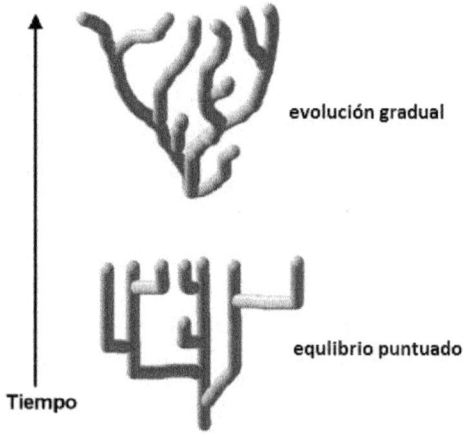

evolución gradual

equlibrio puntuado

Tiempo

En el equilibrio puntuado, los tramos horizontales serían los que definirían los estados de éxtasis donde no se produce ninguna especiación mientras los tramos verticales representan los momentos en que se están produciendo nuevas especies.

Un estudio detallado de los dos esquemas demuestra que las dos representaciones son en realidad diferentes versiones del mismo fenómeno de especiación[48].

El Diseño Inteligente

Se llama Diseño Inteligente al intento de atribuir el origen de las adaptaciones de los seres vivos a un diseñador inteligente, normalmente Dios, en lugar de a la teoría de la evolución que lo atribuye a la acción ciega de la naturaleza. A finales del siglo XVIII, el clérigo inglés William Paley (1743-1805) defendió esta idea en su libro *Teología natural, evidencias de la existencia y atributos de la deidad* escrito en 1800. Su punto de partida fue el estudio de las características y funciones del ojo humano y otros órganos como los huesos, riñones, etc. Sobre todo fue el funcionamiento del ojo humano y su maravilloso diseño lo que más le impresionaba. Paley decía que una "máquina" tan perfecta como ella no podía haber surgido de repente de un comportamiento aleatorio de la naturaleza sino que necesariamente debería ser obra de un diseñador muy inteligente y sobrenatural.

Lo que Paley ignoró es que el diseño de los ojos u otros órganos no aparecen de repente perfectos en su función como el reloj que él puso como ejemplo, sino que ese diseño es el resultado de innovaciones a lo largo de millones de años partiendo de versiones muy primitivas.

---

[48] El estudio detallado del fenómeno se puede encontrar en la obra *Darwin's Dangerous Idea. Evolution and the Meanings of Life* del filósofo de la ciencia Daniel C. Dennett.

El ojo en particular, es un desarrollo iniciado hace 500 millones de años y el del hombre no es la versión más perfecta. Sin ir más lejos, los ojos del pulpo carecen de algunos de los defectos del ojo humano, como es la presencia del punto ciego[49].

Por tanto éste y otros defectos en el diseño de los seres vivos presentan una dificultad importante a la hora de atribuir diseños a un creador. Se entiende que un creador omnisciente no puede cometer semejantes errores. Richard Dawkins hace un exhaustivo trabajo de desmontaje de la teoría del Diseño Inteligente en su celebrado libro *El relojero ciego*.

El argumento del Diseño Inteligente ha sido resucitado a finales del siglo XX en Estados Unidos con la falacia de presentarlo como una teoría científica contrapuesta a la evolución natural, cuando no es más que un intento de justificar la existencia de Dios. Una de las descalificaciones que achacan a la selección natural es la calificación de simple "teoría". La equivocación reside en reducir la definición de teoría en el caso de la evolución a una simple conjetura. En el caso de la selección natural es una teoría científica sustentada en evidencias, leyes e inferencias contrastadas. Resulta evidente que todas las partes que componen la teoría de la evolución no tienen el mismo grado de certeza pues existen aspectos que siguen siendo motivo de investigación y análisis, pero eso no es suficiente razón para sembrar dudas sobre la evolución.

Los defensores del Diseño Inteligente cometen un error al afirmar que si la evolución no es capaz de explicar todavía algunos fenómenos biológicos, la alternativa, o sea el Diseño Inteligente es la explicación correcta.

---

[49] El punto ciego es el lugar de la retina del ojo humano por donde se introducen y convergen las fibras nerviosas visuales. En ese punto el ojo pierde la visión.

Nada más lejos del procedimiento científico. El Diseño Inteligente debe proveer sus propias evidencias y no basarse en el fracaso de las teorías alternativas. Es como si la incapacidad, de momento, de explicar la singularidad física que dio origen al Big Bang, negara que éste existió y se pudiera concluir que un ser omnipotente dio origen al universo. Esta hipótesis (origen sobrenatural) solo se podría sostener si estuviera fundada en evidencias científicas, que evidentemente no los hay.

Pruebas de la evolución

Escogemos una pequeña muestra de las pruebas que confirman la teoría de la evolución. Las seleccionadas son algunas de las más populares y fáciles de comprender

a) **El registro fósil**

El registro fósil es una muestra de lo que se ha ido recuperando en los dos últimos siglos desde el desarrollo de la paleontología. Desde entonces se han descubierto y estudiado miles de fósiles de organismos que vivieron en el pasado remoto. Los fósiles recuperados de organismos extintos resultan muy diferentes en su morfología de los que viven en la actualidad. También se comprueba cómo hay sucesiones de organismos distintos a lo largo del tiempo lo que indica transiciones de una forma a otra. Cuando un organismo muere lo normal es que su cuerpo se destruya con el paso del tiempo por los agentes atmosféricos o los depredadores. Solo cuando de forma excepcional los restos quedan enterrados en lodos u otro agente protector y resultan petrificados por la sedimentación a lo largo de millones de años, se pueden encontrar los restos duros como los de los huesos y dientes. Es el caso de los trilobites como el de la imagen de la página siguiente.

Este hecho es una de las razones por las que el registro fósil es incompleto, de lo que se quejaba Darwin cuando estudiaba sus fósiles, es decir, de la imperfección del registro fósil. La dificultad de encontrar los hallazgos ha contribuido a sembrar dudas sobre la verosimilitud la teoría de la evolución por la ausencia en muchos casos de eslabones perdidos de los puntos de divergencia en el árbol de la vida.

Mención especial merece el caso paradigmático que ocurrió a principios de Cámbrico con las especies de invertebrados de cuerpo blando de hace 505 millones de años que se encontraron en Burgess Shale un yacimiento descubierto en Canadá a principios del siglo XX. Los fósiles encontrados formados por partes blandas vivían en marismas que sufrían avenidas de barro que enterraban inmediatamente a esos animales protegiéndolos así de la descomposición. El lugar ha sido declarado patrimonio de la humanidad en 1980.

Los métodos radiométricos que miden la descomposición radiactiva natural de los elementos químicos de las rocas permiten establecer la edad de las mismas y por tanto de sus fósiles en ellas enterrados. Estas mediciones han permitido conocer que la Tierra se formó hace 4600 millones de años y que los primeros fósiles de microorganismos semejantes a bacterias vivieron hace unos 3500 millones de años.

Es evidente que el registro fósil está muy incompleto, pero de tiempo en tiempo siguen produciéndose hallazgos que lo van rellenando y encontrando "eslabones perdidos"[50]. Unos de los casos mejor estudiados, aparte de la especie humana, son la evolución el caballo y del Tiktaalik. El caballo se ha identificado en origen como un animal del tamaño de un perro con dentadura apta para comer tallos y hojas verdes de los arbustos y disponían de varios dedos en las patas.

Este caballo llamado *Eohippus* vivió hace 50 millones de años, unos 15 millones de años después de la extinción de los dinosaurios. El caballo actual ha crecido en tamaño, los dedos están unidos en una pezuña y las muelas adaptadas a pastar la hierba. Entre uno y otro se han encontrado variedad de fósiles, ya extinguidos, que representan muy bien las variaciones intermedias.

Otros ejemplos de eslabones perdidos son el *Tiktaalik* y el *Archeopteryx*. El Tiktaalik es un intermedio entre el pez y los tetrápodos (animales de cuatro patas); el Archeopteryx es el eslabón entre los reptiles y las aves.

El *Tiktaalik* vivió hace 380 millones de años en el Devónico tardío. Este animal disponía de mecanismos nuevos para la época que le permitían levantar la cabeza y el cuerpo apoyándose en las aletas delanteras musculadas. La cabeza de este predador con un cráneo aplastado de 20 cm, su hocico elevado y sus ojos en posición dorsal se parece a la de los cocodrilos actuales. Su sistema respiratorio estaba a medio camino entre los peces tetrápodos. Es posible que tuviera branquias y pudiera respirar en el aire.

---

[50] Los "eslabones perdidos" son las ausencias de cualquier forma de transición conocida entre los monos y los hombres aunque por extensión se aplica también a cualquier otro ser vivo.

A la izquierda resto fósil del Tiktaalik; a la derecha reconstrucción del animal a partir de sus restos.

El *Archeopteryx* vivió hace 150 millones de años en el periodo Jurásico, por tanto su existencia está ligada al mundo de los dinosaurios y representa el eslabón entre los reptiles y las aves. Era un animal pequeño de unos 20 cm de longitud. Su esqueleto es de tipo reptil pero tenía plumas y una cabeza como la de los pájaros y un pico pronunciado con dientes. Podía volar pero no por mucho tiempo.

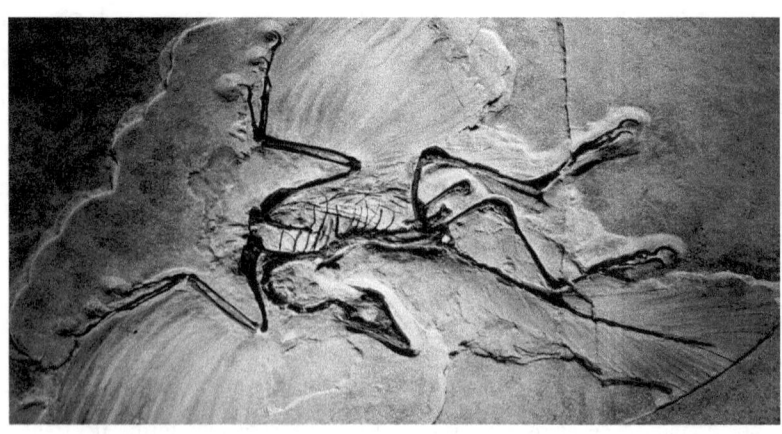

Fósil del Archaeopteryx.

Reconstrucción del Archaeopteryx

b) Comparación de morfologías

La anatomía comparada estudia las semejanzas heredadas entre organismos en la estructura ósea de los cuerpos y constituye una herramienta muy poderosa para establecer variaciones y distancias evolutivas entre los organismos. Cuanto mayor es la distancia evolutiva menor es la similitud entre los organismos que se comparan. Las semejanzas en la estructura ayudan a reconstruir la historia evolutiva de los organismos.

La anatomia comparada también ayuda a descubrir las imperfeciones de los organismos generadas por selección natural. En el dibujo siguiente se aprecia la sorprendente similitud y correspondencia entre los esqueletos de animales actuales como mamíferos, reptiles o anfibios.

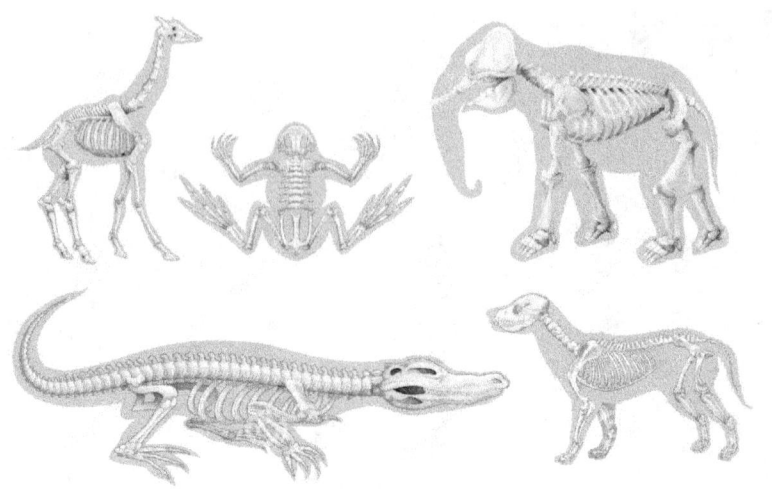

Esqueletos de diferentes animales. Se observa la correspondencia entre sus miembros

A pesar de las distintos ambientes en los que viven mantienen la misma estructura ósea, lo mismo fuera para moverse en la sabana, en charcas o reptando por el suelo. Si no fuera porque todos estos animales, una tortuga, un murciélago, un perro o un humano descienden de un antepasado común no sería comprensible la existencia de seres tan distintos que utilizan sus extremidades para funciones tan diversas. Un diseñador inteligente habria diseñado cada esqueleto para la función que correspondería ejecutar al animal y no servirse de diseños anticuados. Las partes del cuerpo de un organismo no estaban perfectamente adaptadas a su función ya que han sido adquiridas de una estructura heredada en vez de construidas con materias primas elaboradas bajo plano para un propósito específico.

Otro fuente de similitud en los vertebrados es lo parecidos que son todos los embriones en los primeros estadios de vida incluso podriamos decir que se parecen extraordinariamente.

Sin embargo a medida que el embrión se va acercando a su madurez las similitudes empiezan a disminuir en la medida en que la separación evolutiva es mayor; los embriones de un chimpancé y un humano son muy parecidos hasta el momento de su alumbramiento.

Como ejemplo de estas similitudes embrionarias podemos citar los pliegues en forma de hendiduras que comparten los embriones en sus fases tempranas, de los humanos y otros vertebrados no acuáticos; parecen agallas. Estas hendiduras se encuentran en los embriones de todos los vertebrados porque comparten un antepasado común, el pez, en cuya cabeza evolucionaron por primera vez las estructuras respiratorias.

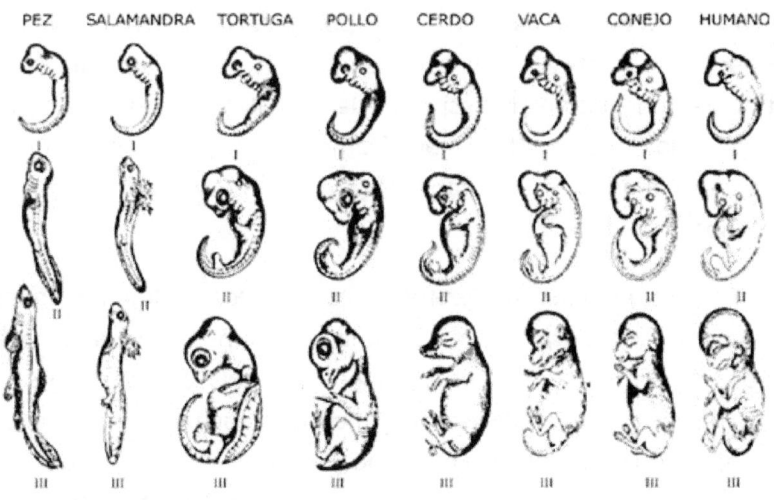

En la imagen anterior comprobamos la similitud de los embriones de diferentes animales en los primeros estadios de crecimiento, etapa I, y como va desapareciendo la similitud en diferentes pasos hasta llegar a la etapa III que indica la madurez embrionaria.

Todos los embriones mostrados tienen una cola bien definida incluído el humano en las primeras fases hasta que en nuestra especie la cola queda reducida a un hueso vestigial, el coxis, en la etapa final embrionaria. Estos y otros vestigios presentes en algunos animales son ejemplos de imperfecciones que indican un origen compartido con un antecesor común que después ha sufrido adaptaciones que han conducido a diferentes especies mediante selección natural.

c) Distribución geográfica

Otra prueba de la evolución por selección natural es la distribución geografica de las especies vivas. Se observa cómo cada continente tiene sus propias especies de animales y plantas. En Africa son típicos los rinocerontes, hipopótamos, leones, girafas, cebras y monos de cola no prensil, chimpancés y gorilas por citar los ejemplos más conocidos.

En América del Sur, no existen estos animales y faltan los simios antropomorfos a pesar de estar ambos continentes a la misma latitud. En cambio hay monos pequeños con cola prensil, jaguares, pumas, llamas y otros. No existe ninguna razón objetiva por la que los animales de Africa no hubieran podido prosperar en America del Sur y al contrario ya que los habitats de ambos continentes son adecuados para todas esas especies.

La ausencia de especies en contextos geográficos similares la explica la selección natural que sostiene que las especies solo pueden existir y evolucionar en las areas geograficas que fueron colonizadas por sus ancestros.

d) Biologia molecular

La biología molecular proporciona la evidencia mas detallada y convincente para confirmar la teoría de la evolución por selección natural de los seres vivos. La autoridad de este tipo de prueba científica es definitiva.

La biología molecular surgida como disciplina a mediados del siglo XX esta teniendo un desarrollo espectacular en el siglo XXI y su recorrido parece no tener fin. En lo que va de siglo se ha descifrado el genoma humano en su totalidad y el de otras especies. Estos estudios confirman sin género de dudas las teorías evolutivas como hecho científico de pleno derecho.

El estudio de las secuencias de los nucleótidos que conforman el ADN es la base de esa herramienta. El código genetico del ADN formado por las bases, adenina, guanina, citosina y timina es el mismo para todas las especies, desde las bacterias a los animales y plantas. Las combinaciones de estas cuatro bases codifican las proteinas formadas a partir de los mismos veinte aminoácidos para todas las especies, de donde resulta evidente que todos los seres vivos tenemos unos antepasados químico comunes.

Las especies que tienen secuencias de ADN similares están estrechamente relacionadas lo que evidencia que han evolucionado de un antepasado común. Por tanto el estudio de la similitud de determinadas secuencias indica cuán próximas están esas especies en el arbol evolutivo.

Un ejemplo característico es la proteína *citocromo C* que desempeña una función vital en la respiración de las células. Se ha comprobado que en el caso de los humanos y los chimpancés la proteína citocromo C contiene los mismos 104 aminoácidos todos en el mismo orden, mientras que en el mono *rhesus* difiere en un solo aminoácido, en el caballo once aminoácidos y en veintiuno en el atún. De esta manera la biología molecular ha conseguido reconstruir el árbol universal de la vida desde el último antepasado común que vivió hace 3000 M.a. al que se conoce como LUCA[51] hasta la actualidad. El árbol de la vida está formado por tres ramas principales: arqueas, bacterias y eucarias, de las que derivan el resto de ramificaciones que incluyen a todos los seres vivos.

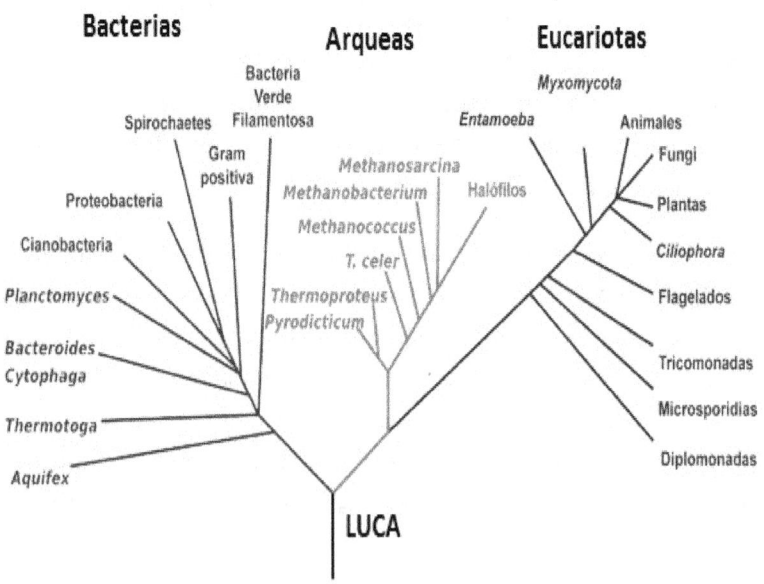

En la imagen anterior se describe esquemáticamente este árbol partiendo de LUCA. Las ramas de las bacterias y arqueas agrupan a todos los seres procariotas, aquellos organismos unicelulares cuyo ADN no estaba protegido dentro de un núcleo diferenciado por una membrana, por lo que su material genético está disperso por el citoplasma celular.

Las bacterias forman un colectivo de multitud de especies sobradamente conocido por el público general entre las que sencuentran "buenas" y "malas" bacterias. En el grupo de las "buenas", estaría por ejemplo las bacterias que viven en nuestros aparatos digestivos para ayudarnos a metabolizar los alimentos y entre las "malas" conocemos las que transmiten enfermedades como la legionela o el tétanos.

Las arqueas sin embargo es un grupo más desconocido formado por organismos unicelulares algunos de los cuales viven en ambientes extremos como aguas termales o el fondo de los océanos.

La rama de eucariotas se subdivide en dos grupos principales, los seres pluricelulares animales, hongos y plantas, y unicelulares o protozoos como flagelados, ciliados, etc.

e) Experimentos con bacterias

En la bibliografía se cita multitud de experimentos realizados con bacterias porque en ellas se da una circunstancia muy importante. Ésta es la rapidez con la que se reproducen y el elevado número de descendientes, lo que aumenta mucho la probabilidad de que se produzcan mutaciones y facilita su seguimiento a lo largo de muchas generaciones.

Además como se reproducen de manera asexual, cada bacteria es una línea pura genéticamente hablando ya que no existe la recombinación génica entre progenitores que se produce en la meiosis eucariota.

Uno de estos experimentos lo documenta M. Hoagland en su libro *Las raíces de la vida.* En él coloca una población pura de bacterias en un matraz que se alimenta adecuadamente para promover el crecimiento de la población. A continuación se añade una pequeña dosis de antibiótico.

Lo que ocurre es evidentemente la paralización del crecimiento y la muerte de la mayoría de las células. Cuando analizamos el matraz encontramos millones de células muertas y solo una muy pequeña cantidad de células que han sobrevivido porque han sido capaces de multiplicarse en presencia del antibiótico.

Si continuamos el experimento encontramos que las bacterias supervivientes y todas las generaciones descendientes son resistentes a ese antibiótico. Ha ocurrido una mutación aleatoria porque se ha producido independientemente de la presencia del antibiótico. Si no lo hubiéramos añadido, la mutación se habría producido de cualquier manera, lo que habría pasado es que no nos habríamos enterado de ella. Esa mutación ha producido bacterias resistentes que trasmiten dicha inmunidad a sus sucesivas descendencias.

Edades de la Tierra

Para entender el alcance y significado de las teorías evolucionistas es necesario conocer con cierto detalle la historia del planeta Tierra desde su formación pasando por la aparición de la vida hasta llegar al momento actual.

Los geólogos han establecido unos periodos en el tiempo llamados eones en los que cada uno abarca unos mil millones de años. A su vez, estos eones se subdividen en diferentes eras que duran centenares de millones de años y se distinguen por la presencia de determinados seres vivos que habitaron en ellas y por las condiciones ambientales que pudieron predominar. Así se clasifican desde la formación del planeta los siguientes eones: Arcaico, Proterozoico y Fanerozoico. Describiremos cada uno por separado.

El eón Arcaico comienza en el momento mismo de la formación de la Tierra hace unos 4600 millones de años (M.a.), que coincide con la edad del sistema solar y dura hasta hace 2500 M.a. Recordemos que la edad del universo se calcula en unos 13.500 millones de años por lo que podemos considerar que nuestra estrella y el sistema planetario que la acompaña son bastante jóvenes. El periodo Arcaico se caracteriza durante los primeros 1000 M.a. por una etapa de enfriamiento de la corteza terrestre y con gran actividad volcánica así como impactos de meteoritos que hacían imposible la vida en la superficie terrestre. Pasados esos primeros 1000 M.a. empiezan a aparecer los primeros indicios de vida dejando huellas visibles en forma de unas colonias fosilizadas de microbios primitivos. Estos microbios fosilizados se encontraron en yacimientos de la actual Australia occidental[52].

---

[52] Cuando hablamos de lugares geográficos nos estamos refiriendo siempre a la configuración actual de los continentes. Estos no siempre ha ocupado la posición actual. Hasta hace unos 20 M.a. no se empezó a configurar la disposición de los continentes tal como hoy los vemos.

Estromatolitos actuales de Shark Bay en Australia

El eón Proterozoico comienza hace unos 2500 M.a. y dura unos 1900 M.a. En este periodo se sucedieron diferentes glaciaciones que cubrieron de hielo casi toda la superficie de la Tierra congelándose incluso los océanos. Las primeras glaciaciones se documentan hace 2300 M.a y las últimas entre los 700 y 600 millones. Estas glaciaciones estuvieron intercaladas por episodios de calor que propiciaron el desarrollo de incipientes microorganismos con tolerancia al frío.

Al final de la era Proterozoica (hace unos 550 M.a.) aparecen organismos pluricelulares de cuerpos blandos y formas extrañas como discos, frondas, gotas y cúpulas parecidas a medusas. Todos ellos vivieron en el mar. Los yacimientos fósiles más antiguos de esta fauna se encontraron en la actual península de Terranova y en Australia.

Imagen del fósil *Dickinsonia* y recreación del ambiente donde vivía hace 545 M.a. en el Proterozoico tardío.

El eón Fanerozoico dura desde hace unos 550 M.a. hasta la actualidad y se subdivide en tres eras, Paleozoico, Mesozoico y Cenozoico. Fanerozoico significa en griego <<vida nueva>> refiriéndose al tamaño de los organismos que surgen en esa época. Aunque ya existía abundante vida en la Tierra, es a partir de ese momento cuando los organismos vivientes adoptan formas complejas y se diversifican y evolucionan ampliamente.

La era Paleozoica abarca el espacio de tiempo comprendido entre -550 M.a[53]. y -250 M.a. y está dividida en los períodos Cámbrico, Ordovícico, Silúrico, Devónico, Carbonífero y Pérmico.

El Paleozoico comienza en el Cámbrico hace 540 M.a. en lo que se ha dado en llamar <<explosión del Cámbrico>> y se caracterizó por el surgimiento en muy poco tiempo (en términos geológicos) de una gran cantidad de especies de organismos marinos, desde gusanos, esponjas, artrópodos, hasta arrecifes y animales con concha, los famosos trilobites que vivieron a lo largo de casi 300 millones de años con gran diversidad de especies, y otros parecidos a las actuales gambas.

---

[53] Indicaremos las fechas en negativo situando el cero en la actualidad. Así -540 M.a. indican que estamos relatando épocas de vida hace 540 millones de años.

A la era Paleozoica se la llama la era de los trilobites por su abundancia y diversidad. Muchas de estas especies desaparecerían posteriormente. El clima dominante era cálido del tipo tropical y ecuatorial.

Conjunto de fósiles de *Homotelus* y recreación de su ambiente marino hace 500 M.a.

A -490 M.a. comienza un nuevo período, el Ordovícico, con una gran innovación evolutiva en los mares poco profundos hasta alcanzarse 500 familias distintas de animales marinos. En esta época aparecen los primeros peces, muy diferentes de los actuales, carentes de mandíbulas y dientes; se alimentaban succionando el fango de los mares poco profundos que contenían las primeras algas, sedimentos orgánicos y microbianos. Aparecen las primeras plantas verdes y hongos en tierra firme. El clima durante el Ordovícico empezó siendo cálido, variando hasta terminar en un clima más frío que acaba con una glaciación hace unos 440 M. a.

Recreación del ambiente típico del Ordovícico y el animal
Orthoceras parecido a una sepia cónica hace 460 M.a.

El final de Ordovícico, da paso al período Silúrico que dura unos
30 millones de años hasta - 416 M.a. en el que el clima se vuelve de
nuevo cálido con la presencia de animales marinos en los que
abundan los peces sin dientes, esponjas, lirios de mar, trilobites,
grandes predadores artrópodos llamados escorpiones marinos.

La fusión de los hielos de la glaciación al final del Ordovícico
trajo como consecuencia una subida del nivel del mar que permitió la
colonización del ambiente terrestre y aparecieron las primeras
plantas terrestres vasculares que consistían al principio en musgos y
líquenes y los primeros animales terrestres que eran pequeños
artrópodos miriápodos de unos pocos milímetros de longitud. Estas
nuevas criaturas aparecen ya al finalizar el periodo Silúrico.

Hace 416 millones de años comienza el período conocido como
Devónico que dura hasta -360 M.a. Es un período en general de clima
tropical de comunidades de organismos que vivían en mares y
marismas de agua dulce.

Al principio del Devónico abundan las plantas vasculares, primeras plantas con semillas y primeros árboles, pequeños artrópodos, peces sin dientes y equinodermos.

A mitad del período aparecen moluscos con concha, peces con placas en la piel y un organismo marino llamado Tiktaalik que era un pez grande parecido a los actuales cocodrilos con un cráneo formado por grandes huesos, placas dorsales y aletas fuertes parecidas a las patas de los tetrápodos más tempranos. El periodo termina con la aparición de muchos peces marinos entre ellos los primeros tiburones, grandes predadores de los mares que alcanzaban longitudes de 8 metros y más de 3 toneladas de peso. Al mismo tiempo los tetrápodos en general empiezan a colonizar la tierra firme.

Biota del Silúrico (izquierda) y Devónico (derecha) hace entre 420 y 370 M.a.

Hace 360 millones de años empieza el período Carbonífero que dura 60 M.a. aproximadamente. El clima de la Tierra fue cálido en general de tipo tropical derivando a frio al final del periodo en el que alternan glaciaciones con etapas intermedias calurosas. Predominan en las zonas continentales los ambientes terrestres de aguas dulces y pantanosas.

Los organismos que vivieron en el Carbonífero fueron muy diversos abundando peces, tetrápodos marinos y terrestres, cefalópodos, artrópodos y muchas plantas entre ellas grandes helechos. Aparecen los primeros vertebrados terrestres. Hacia el final lo hacen los primeros reptiles y existen evidencias de abundantes incendios forestales en los bosques de grandes árboles primitivos hace unos 313 M.a. Al final del Carbonífero aparecen muchas especies distintas de insectos alados y anfibios. En los mares abundan braquiópodos, bivalvos y corales. El nivel de oxígeno en la atmósfera es más elevado que nunca.

Fósil de helecho del Carbonífero hace unos 300 M.a.

El Pérmico es el último periodo del Paleozoico que transcurre entre -300 y -250 M.a. Su clima fue ecuatorial con grandes variaciones estacionales en el que se dieron biotas[54] terrestres y acuáticas de agua dulce, bosques de ciénagas donde vivieron tetrápodos terrestres, peces e insectos, helechos tan grandes como árboles y anfibios.

---

[54] Biota es el conjunto de seres vivos que viven en una región.

En el Pérmico medio aparecen las primeras plantas con semillas verdaderas y los primeros musgos. Evolucionan los escarabajos y las moscas.

El Paleozoico concluyó a finales del Pérmico con una extinción sin precedentes de la vida sobre la Tierra; es posible que desaparecieran hasta el 90% de todas las especies presentes, entre ellas todos los trilobites que habían sido muy abundantes desde el inicio del Paleozoico. Se ha sugerido que la causa pudiera haber sido la caída de un gran asteroide, como ocurrió con al final del periodo Cretácico hace 65 millones de años, pero no se ha encontrado ninguna huella de ello.

Lo que existe son vertidos a muy gran escala de lavas basálticas lo que indicaría una gran actividad volcánica. Esta actividad habría generado enormes cantidades de gases de efecto invernadero provocando un gran calentamiento global. También contribuyó a ese calentamiento la liberación metano surgido de la descomposición de los sedimentos marinos. Como consecuencia, las aguas de los mares se empobrecieron en oxígeno, con lo que murió una buena parte de la cadena alimenticia marina, mientras que el calentamiento afectaba drásticamente a la vida en tierra firme. Las especies más afectadas fueron las de los grandes herbívoros y carnívoros debido al hundimiento de los ecosistemas alimenticios complejos. Sobrevivieron pequeños reptiles que darían lugar a los dinosaurios en la era Mesozoica.

Fauna a finales del Pérmico hace 260 M.a. Un *Scutosaurus* (Izqda.)
y un *Inostrancevia* (centro)

La era Mesozoica está dividida por los geólogos en tres períodos, Triásico, Jurásico y Cretácico y abarca un espacio de tiempo de 185 millones de años. Es conocida como la era de los grandes reptiles.

Al final del periodo anterior, el Pérmico, los continentes estaban unidos en un supercontinente llamado Pangea que empezó a fracturarse hace unos 200 M.a. en dos grandes masa continentales: Laurasia al norte y Gondwana al sur separados por el océano de Tetis que ocupaba la actual franja tropical del hemisferio Norte.

Al final del Mesozoico los continentes están todavía unidos en distribución Norte-Sur pero con acumulación de las placas continentales en el hemisferio sur. A mediados del Jurásico se podrían distinguir unidos los continentes americanos del Norte y del Sur con África pegada a Sudamérica; se empieza a esbozar el continente asiático y un gran continente formado por la Antártida, Australia y la India. Finalizando ya el Cretácico las dos Américas están prácticamente en su situación actual pero América central está aún sumergida.

África está definida en su posición actual y Asia ya está formada a la espera de que el subcontinente indio se una al resto de Asia, lo que ocurrirá cuando hayan transcurrido otros 40 M.a. La Antártida y Australia se encuentran en la posición en la que las encontramos hoy.

El Triásico es el período comprendido entre -250 y -200 M.a. El clima durante estos 50 millones de años fue bastante constante del tipo subtropical de hemisferio norte, templado y húmedo, en el que se desarrolló una biota de vertebrados terrestre de agua dulce.

La vida empieza a recuperarse de los destrozos ocurridos durante la extinción del Pérmico. Resurgen anfibios supervivientes de agua dulce, peces pulmonados y tetrápodos. Abundan las plantas terrestres junto con ammonites y moluscos bivalvos y muchas de las especies de insectos modernos. Hacia la mitad del periodo o sea hace 227 M.a. empiezan a parecer los dinosaurios tetrápodos y los primeros peces óseos.

Bosque húmedo de mediados del Triásico (-216 M.a.). Primeros dinosaurios.

Los siguientes 55 M.a. se conocen con el nombre de período Jurásico entre -200 y -145 M.a. ambientado en un clima húmedo en latitudes medias del planeta variando a subtropical y tropical semiárido donde se presentaban frecuentes monzones. El panorama de seres vivos es marino y en tierras firmes reptiles y animales de agua dulce. En los mares abundan los moluscos y todo tipo de peces y reptiles acuáticos. Los dinosaurios siguen aumentando de tamaño siendo al principio herbívoros.

Al final del periodo encontramos los dinosaurios más grandes como los diplodocus. Junto con estos conviven lagartos, anfibios, moluscos e insectos. Es importante la presencia de *Archeopteryx* que es el ave fósil más antigua que se conoce. Tenía plumas como las aves actuales y dientes en el pico como los reptiles, pasaba la mayor parte del tiempo en tierra subiendo a los árboles de manera casual. Es el eslabón perdido entre aves y reptiles.

Grandes dinosaurios del Jurásico (hace 150 M.a.). *Diplodocus* (en primer plano) y *Alosauros* (con franjas)

Esto ocurrió hace unos 150 millones de años, es decir a finales del Jurásico. Durante este periodo, aparecen pequeños mamíferos del tipo de ratones que darían lugar después a los mamíferos placentarios y marsupiales[55].

Con el Cretácico (-145, -65 M.a.) acaba la era Mesozoica. Es un largo periodo que abarca 80 millones de años y que termina de forma traumática por el choque de un gran meteorito contra la Tierra, probablemente en la actual Península de Yucatán, produciendo la extinción de los dinosaurios y otras muchas especies hace 65 M.a.

Se conoce con suficiente precisión la presencia de una delgada capa o estrato de iridio[56], (producto de la desintegración por choque del asteroide), en Norteamérica y otras partes del mundo en los estratos que separan el Cretácico de la era Cenozoica.

El clima del Cretácico empezó siendo cálido y húmedo, cambiando a estacional semiárido; al final del periodo predominó un acusado vulcanismo con periodos de lluvias de ceniza. Los organismos más frecuentes fueron los dinosaurios que dominaban la vida terrestre coexistiendo con insectos, peces y todo tipo de reptiles. Destaca la presencia de aves y mamíferos pequeños y de plantas con flor polinizadas por multitud de especies de insectos.

---

[55] Mamíferos placentarios son todos aquellos en que las crías viven hasta el momento del nacimiento dentro del vientre de las hembras en lo que se conoce como placenta. El hombre es un mamífero placentario. En los marsupiales la cría se desarrolla en una bolsa que la hembra lleva colgada en la parte exterior del abdomen. El ejemplo típico de marsupial es el canguro.

[56] El iridio es un elemento químico de número atómico 77. Es un metal pesado del grupo del platino.

Coexistencia de aves y dinosaurios en el Cretácico. Hace 80 M.a.

La era Cenozoica, antes llamada Terciaria, empieza hace 65 millones de años y dura hasta hace 2,5 M.a. cuando comienza el Cuaternario o Pleistoceno, es decir la época actual durante la que evoluciona la especie humana. Hace 10.000 años empieza el Neolítico y se produce el cambio de costumbres de la humanidad.

El hombre pasa de ser una sociedad trashumante de cazadores-recolectores a poblaciones estables en las que se practican la agricultura y la ganadería como fuente de abastecimiento de alimentos y se fundan las primeras ciudades sobre el año 7000-8000 antes de Cristo.

El Cenozoico comprende dos períodos llamados Paleógeno y Neógeno. A lo largo de esta era la corteza terrestre se configura hasta la forma que muestra en la actualidad. Los hitos más importantes del movimiento de las placas tectónicas son la formación de la cordillera del Himalaya como consecuencia del choque de la placa del subcontinente de India con la de Asia y la unión de las placas americanas del Norte y del Sur por el istmo de Panamá. Hace unos 30 M.a. se congela la Antártida.

El Paleógeno (-65 a -23 M.a.) presentó un clima subtropical húmedo en el hemisferio norte variando a climas cálidos y húmedos. En este ambiente se desarrollaron la fauna y flora similares a las que se encuentran en la actualidad.

Como consecuencia inmediata de la desaparición de los dinosaurios que dominaron el planeta durante los 140 millones de años anteriores, surgen plantas nuevas y pequeños mamíferos al principio del periodo.

A medida que pasaron millones de años evolucionaron especies de mamíferos de gran tamaño y la especie antecesora de los primates, los simios, hace 20 millones de años. Las flores y los insectos evolucionaron juntos en una especie de simbiosis en la que los insectos encuentran su fuente de alimentos y las plantas su modo de reproducción más eficaz.

Explosión de los mamíferos en el Paleógeno hace 50 M. a.

En el Neógeno (-23 a -2,5 M.a.) el clima es moderado tornándose a frio y seco al final del período en el que viven especies similares a las actuales: peces, murciélagos, aves, mamíferos marsupiales, roedores, etc. Hace 18 millones de años aparecen los primates en África y los primeros bípedos hace 3,6 M.a. de donde surgiría el *homo erectus* hace unos 2 millones de años ya en la época actual cuaternaria.

Recreación de la fauna del cuaternario

En el cuaternario el clima es predominante frio y seco en el hemisferio Norte con frecuentes glaciaciones que alcanzan latitudes medias. Hace 40.000 años vivieron los mamuts y el hombre de Neandertal coloniza las tierras europeas hasta su extinción hace unos 40.000 años por la llegada desde África del *homo sapiens*, especie a la que pertenecemos todas las razas humanas del presente.

En el cuaternario se definen dos etapas geológicas, Pleistoceno, la más antigua, y Holoceno desde hace 10.000 (fecha de la última glaciación) años hasta hoy. Al final de esta glaciación se desarrolla la civilización humana.

Esta es la historia de la evolución biológica en el planeta Tierra durante los 4600 millones de años de existencia, en la que destaca la celeridad de las primeras señales de vida en cuanto ésta tuvo oportunidad y la compleja evolución desde ese estadio hasta la presencia de los primeros seres vivos pluricelulares y complejos. Mientras que las primeras señales de vida aparecen durante los primeros 1000 M.a. de existencia del planeta, los primeros seres pluricelulares, descendientes de los microrganismos unicelulares primigenios, tardan casi 3000 M. a en hacerlo.

Después la vida explota en un periodo de 600 millones de años en un proceso exponencial de creación de especies diferentes a pesar de las repetidas extinciones masivas. Esto nos da una idea de lo difícil y excepcional que tuvo que ser organizar las células primitivas en comunidades más complejas sólo con la ayuda de la evolución natural. Indudablemente el proceso fue objeto del azar y que sepamos no hay evidencias de que algo similar se haya producido en otras partes del universo.

A veces se expresa el proceso temporal evolutivo del planeta comparando la edad de la Tierra con la duración de un año terrestre. Esto aclara un poco mejor la escala temporal en la que nos movemos y de los hechos que ella se producen.

Si situamos el nacimiento del planeta a las 0 horas del 1 de enero, el primer indicio de vida, las primitivas bacterias, aparecen a comienzos de la primavera, o sea hacia el 20 de marzo. Durante los ocho meses siguientes la vida unicelular está organizándose para que a mediados de noviembre aparezcan los primeros seres pluricelulares.

La explosión del Cámbrico se daría unos cinco días después, sobre el 20 de noviembre.

Un poco más tarde hacia el día 15 o 16 de diciembre aparecen los dinosaurios que se extinguen para el día de Navidad.

Los primeros simios trepan por los árboles el 29 de diciembre; los primates antropoides a las 8 h de la mañana del 31 de diciembre; a las 20 h. el homo erectus andaba ya por la sabana africana y el homo sapiens moderno 4 minutos antes de las 12 de la noche. La civilización actual aparece casi en el último segundo del año.

Como diría Gould, acabamos de llegar como especie humana.

BIBLIOGRAFÍA

CHARLES DARWIN. *El origen de las especies*. Alianza editorial. 2010

DANIEL C. DENNETT. *Darwin´s dangerous idea*. Penguin books. 1995

DANIEL C. DENNETT. *Consciousness explained*. Penguin books. 1991

DOUGLAS PALMER & PETER BARRETT. *Evolución. Historia de la vida*. Gaia. 2010

ED REGIS.*¿Qué es la vida?* Espasa. 2009

ENZO GALLORI. *Atlas ilustrado de genética*. Susaeta. 2012

ERWIN SCHRÖDINGER. *¿Qué es la vida?* muy INTERESANTE. 1985

ESTEPHEN JAY GOULD. *La vida maravillosa*. Drakontos .2011

ESTEPHEN JAY GOULD. *Acabo de llegar*. Booket. 2007

ESTEPHEN JAY GOULD. *Ocho cerditos*. Booket. 1994

FEDUCHI, BLASCO, Y OTROS. *Bioquímica*. Editorial panamericana. 2010

FRANCISCO J. AYALA. *Darwin y el diseño inteligente*. Mensajero 2009

FREEMAN J. DYSON. *Los orígenes de la vida*. Cambridge University Press.1999

JACQUES MONOD. *El azar y la necesidad*. Tusquet editores.2007

JESUS MARTIN-PINTADO. *El origen de la vida*. DAMIR-IEM-CSIC. 1997

JUAN LUIS ARSUAGA. *El reloj de Mr. Darwin*. Booket. 2010

LYNN MARGULIS & DORION SAGAN. *Captando genomas*. Editorial kairos. 2003

MAHLON HOAGLAND & BERT DODSON. *The way life Works*. Times books.1998

MAHLON HOAGLAND. Las raíces de la vida. Genes células y evolución. Salvat 1988

MANFRED EIGEN. *Steps towards Life*. Oxford University Press.1992

OPARIN ALEKSANDER. *Origen de la vida*. Editores Mexicanos unidos. 1981

PAUL DAVIES. *The 5th miracle*. Simon&Schuster paperbacks.1999

PAUL DAVIES. *La mente de Dios*. McGraw Hill.2006

PETER M. HOFFMANN. *Life´s Ratchet*. Basic books. 2012

RICHARD DAWKINS. *The extended phenotype*. Oxford University Press. 1999

RICHARD DAWKINS. *El espejismo de Dios*. Booket.2010

RICHARD DAWKINS. *El gen egoísta*. Salvat ciencia. 2002

RICHARD DAWKINS. *Evolución. El mayor espectáculo sobre la Tierra*. Espasa. 2009

RICHARD DAWKINS. *El relojero ciego*. Editorial Labor. 1988

RICHARD DAWKINS. *Destejiendo el arco iris*. Metatemas. 1998

RICHARD DAWKINS. *El cuento del antepasado*. Antoni Bosch editor. 2010

VARIOS AUTORES. *Neandertales*. Investigación y Ciencia. Especial nº 12. 2016